□浙江大学平衡建筑研究中心科研项目"全域土地综合整治视角下韧性城市规划设计策略研究(项目编号:K-20203314B)"资助

□浙江省城市规划学会城市管理与社区规划专业委员会学术成果

□住房和城乡建设部科学技术项目(2015-R2-061)资助

UAD新型城镇化研究丛书

丛书主编：黎冰 华晨

基于设计模拟工作坊的城市规划决策合意达成研究

黄　杉　朱云辰　翁智伟　著

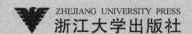

浙江大学出版社

序　言

　　中国正处于城市现代化建设的大发展时期,社区是城乡社会最基层的单元,也是城市社会管理最基础的单元。习近平总书记在 2019 年的"不忘初心、牢记使命"主题教育工作会议上指出:"为中国人民谋幸福,为中华民族谋复兴,是中国共产党人的初心和使命。"人民幸福、民族复兴是建立在久久为功,长期推进所得出的成果之上,而社区建设正是其中重要任务目标之一。当前,各地的社区更新与建设工作正成为国家的热潮之一,全国各地对于社区更新都在尝试推出新模式、新方法,以期更好地提升人民生活质量、提升其幸福感,如浙江省在近年来大力推行的"未来社区"建设工作。近年来,国内对于社区相关问题的研究成果频出,大批专家学者、研究团队对社区规划建设中一直以来存在的邻避现象、公众参与、公共服务设施建设、社区管理、老龄化社区等问题都提出了非常精彩的论点与实践总结,这些成果也是本书在撰写过程中重要的理论基础。

　　浙江大学建筑设计研究院规划分院自成立以来,一直居于规划领域的最前端,无论是以前的美丽乡村、美丽县城、特色小镇规划设计项目,还是目前如火如荼进行的乡村振兴、未来社区规划建设工作;故在社区规划建设工作当中,对于关键的"合意达成"一环如何顺利推进,规划分院的同事们形成了一套自己的方法论。

　　开展社区工作,需要十分细致的前期调研与分析以及中后期对社区实际情况进行反复的规划设计方案推敲,其根本目的就是摸清社区内各个相关的利益主体具体的发展需求,使其能够体现在规划设计的初始方案创建与后期方案改进当中。

　　针对上述内容,本书提出基于设计模拟的工作坊,以这一方法来应对社区规划建设中遇到的"合意达成"问题。首先,提出社区规划建设过程当中的"三条主线",即操作线、权益线与合意线,分别表达了社区规划方案形成与优化的过程、在实施规划中各个利益主体权益转移的过程与社区内各个利益主体合意程度不断变化的过程;接着,由此提出社区规划建设工作所需的"三大平台"与对应的"三类工具",即微规划、微优化、交易模拟平台和权益期货、权益现货、交易模拟工具,这些平台与工具形成了一个社区规划建设与更新的工作系统,意在确保社区规划的落地性,提升社区民众对于规划方案的接受程度。

　　作为"浙江省城市规划学会城市管理与社区规划专业委员会"2020 年学术成果之一,本书所作的这一系列分析与讨论,是庞大且复杂的社区学术研究体系中的一小块内容,但其研究成果对国内当前的社区规划建设或相关科研工作也有一定的参考价值。本书也是背后规划团队辛勤创作与思考的结晶。本书的主要内容来源于 2 篇国内核心期刊论文(潜莎娅等,2016;朱云辰等,2017),2 篇浙江大学硕士学位论文(朱云辰,2017;潜莎娅,2015)与 2 项实际的社区规划设计项目(见本书第四、第五章),我作为这些论文与项目共同的指导老师与规划总师,了解这背后诸位学者与一线设计人员对待学习与工作的热忱与认真。现在他们参与的社区规划项目都已取得一定成效,整理相关材料编撰的著作也即将出版,在此衷心地祝贺他们获得的这些成就。同时也希望他们再接再厉,对社区建设过程中会遇到的其他问题进行更深入的研究,继续为社区建设与发展作出更多贡献!

华　晨

目　　录

上编　理论与分析

下编　案例与实践

补　　编

上编 理论与方法

第一章 绪 论

1.1 研究背景

如何实现高效、直接而持久的公众参与正在成为当前城乡规划学和社会管理学最重要的研究内容之一。城乡规划是建设城市和管理城市的公共产品,其公平性问题贯穿立项到实施的全过程(陈清明等,2000)。虽然我国城乡规划编制的程序、内容、体系已较为完善,但在市场经济条件下,地方政府作为规划的决策者,往往会自觉与不自觉地侵占公共利益,城乡规划有可能沦为政府服务于行政组织自身或某些特殊利益集团的工具而损害公共利益(刘伟忠,2007);此外,城乡规划在实现公共性的过程中,遭遇种种显性或隐性的障碍,使其在现实中得以实现显得异常艰难(徐善登,2010)。在世界范围内,城乡规划的工具价值都面临或曾经面临"被无限放大"的情况(张翼,吕斌,2008),而以美国、日本等国家为代表的西方城乡规划性质历经空间设计到理性建构的演变后,在今天已经成为一种政治过程(徐善登,2010)。公共行政官员不仅要促进对自我利益的追求,还要不断努力与民选的代表和公民一起去发现和诉求大众的利益或共同的利益,并且要促使政府去追求那种利益(Frederickson,1991)。因此,城乡规划的公众参与是建设社会主义民主政治的重要环节,是实现城乡规划维护社会公众根本利益这一政治理想的重要措施。而实现实质性参与目标的关键是建立有利于社会公众参与的规划体系,以社区规划为载体,在公众利益与公众参与之间架设一道桥梁(冯雨峰,2004)。

实践中其他公共决策领域中一系列以听证会、代表会为标志的公众参与制度激发了人们参与的热情,公众政策征询、环境评估、价格听证、立法听证等不断进入公共视野中,这使得民意吸纳机制、公众参与机制不断地从理论层面、制度层面进入到实践层面,一定程度上促进了人们参与城乡规划活动的开展。然而以合作与决策为目标的实质性公众参与城乡规划在实践层面仍十分缺乏。例如国内北京、上海、广州、杭州等大城市均推出"阳光规划",作为规划宣传和展示的窗口,并在此基础上形成了具备公众咨询功能的规划方案意见征求参与活动。但总的来说,国内的公众参与城乡规划还处于刚刚起步阶段(唐文跃,2002;李东泉,韩光辉,2005;郭红莲等,2007),因此,很多尝试都是在摸索中前进。

当前,低效和无效的公众参与导致我国城乡规划公众参与协调多元利益的作用并未彰显,其结果是不断涌现的"钉子户"事件和城市群体性事件。这些事件既有以比较温和的方式进行的,如厦门 PX 事件中的"散步"方式(赵民,刘婧,2010),也有引发城市骚乱事件的,如四川什邡市钼铜事件、江苏启东的南通大型达标水排海工程事件。多元利益缺乏协调引发的事件对城市的发展和规划已经造成了较为严重的影响。针对当前城乡规划公众参与的困境,相关研究(邵任薇,2003;杨新海,殷辉礼,2009;张庭伟,2008;黄杉,2012)基本上将目前的问题归结于现有公众参与制度的诸多不足。制度的不完善导致了社会个体或者群体缺乏参与的渠道,而已有的参与,从计划经济体制演变过来的城市政府单边的、一言堂式的决策也阻碍着参与的效果。上述问题的实质是城乡规划面对公众实质性参与规划决策需求的技术与方法欠缺,无法就规划中的重大议题形成规划合意的结果。

因此,为了更为完整和深入地揭示当前城乡规划决策和实施过程中,公众参与趋于失效的原因和机理,探索以规划合意达成为目标的实质性公众参与技术方法,使之成为城乡规划制定与实施过程中的桥梁与载体,本研究试图通过设计模拟工作坊这一新的利益主体"博弈平台",来更好地推动中国城乡规划微观利益主体决策的合意达成。

1.2 研究意义

1.2.1 理论意义

伴随经济发展和城市化进程的加快,城乡规划工作中原来的单一的利益主体(国家/政府)分化为目前的四大利益主体(吴可人,华晨,2005),即政府、规划师、开发商以及公众,上述利益主体之间的博弈冲突,正是城市的扩张性与资源的稀缺性之间的矛盾的集中反映。利益主体博弈的方式非对称、不对等,博弈过程复杂而激烈,且弱势主体的利益往往受损,行政主体常常难以抉择。激烈的博弈导致城乡规划实施面临重重困境:城市邻避性公共设施作为公共产品,是满足城市生产和生活某些特定需求的必要设施,但由于常常引发所在地居民的反对与抵制,设施建设遭受巨大阻力,陷入进退两难的局面。

凡是生活中受到某些决策影响的人就应该参与到那些决策的制定过程中来。在解决诸如邻避性公共设施建设等规划问题时,应通过技术和政策的综合手段,以及建立在公众参与基础上的更加灵活、互动的规划建设模式,减少转嫁于周边居民的外部成本,转变或影响居民的反对态度。从西方国家的成功经验来看,为了缓解社会不同利益集团对立造成的整个社会环境与空间结构之间的严重对抗和冲突,其每一项规划决策都采取公开听取、吸收、综合和调解不同集团分歧的方法。反观我国,城乡规划长期以来拘囿于技术理性的思维传统,公众参与的重要性往往被忽略,抑或是公众参与的能力不足(包括公众的参与意愿较低、专业知识不足和公共意识的缺乏等)带来的公众参与低效现象普遍存在。当前规划编制和实施过程中公众意愿体现不足,没有真正从利益主体角度进行研究,仅将城乡规划界定为一个单纯的"工程技术"问题,忽视了合作与决策的社会选择问题。

在国家新型城镇化规划的大背景下,城乡规划的方法论正值转型期,从宏观视角,以乡县、街区等为基本规划单元的增量规划,逐渐转变为以社区等更小空间范围为基本规划单元的存量规划,规划与研究视角正处于从"宏观"到"微观"的转变。故在学术研究层面会产生基于"微观"规划的新型研究方向,社区层面的规划在未来或将成为主流。而旧城更新工作是目前"微观"型城乡规划工作当中的典型案例,对于这一新型规划视角的技术方法研究也具有重大的理论意义。

1.2.2　实践意义

《国家新型城镇化规划(2014—2020年)》将加强和创新城市社会治理放在重要地位,提出"强化社区自治和服务功能"的目标,鼓励社区建立自己的综合服务平台,健全基层群众自治制度。自此,国内众多学者对街道提升与改造问题关注度持续上升。

越来越多的邻避案例出现于公共设施建设中,如停车场、戒除药瘾医疗中心、流浪汉收容所,甚至低收入户的住宅建设,部分激进的居民通常会联合屋主团体与小区协会,共同对抗政府或开发商,使此类设施的兴建陷入无法推进的僵局(Barry,2000；Lake,1993)。

目前,在以合作与决策为主要目标的公众参与基础上进行的城乡规划在国内仍处于起步阶段,故目前的公众参与很难纳入到法定规划当中,难以实施。因此,很多尝试都是在摸索中前进。当前,低效和无效的公众参与导致我国城乡规划公众参与协调多元利益的作用并未彰显,其结果是不断涌现的"钉子户"事件和城乡群体性事件,多元利益缺乏协调引发的事件对城乡的规划和发展已经造成了较为严重的影响。针对当前城乡规划公众参与的困境,相关研究基本上将目前的问题归结于现有公众参与制度的诸多不足。因此,为了更为完整和深入地揭示当前城乡规划决策和实施过程中公众参与趋于失效的原因和机理,应探索以规划合意达成为目标的实质性公众参与技术方法,使之成为城乡规划制定与实施过程中的桥梁与载体,更好地推动国内旧城、旧村更新工作中微观利益主体决策的合意达成,从而提升公众参与的效果。本研究试图以上述概念为基础,设计模拟工作坊这一新的利益主体"博弈平台"的技术方法。

具体而言,本研究尝试从社区中的住户、经营者、管理者、规划设计人员等多元视角,对当前城市更新规划设计工作系统中存在的问题,如邻避问题、社区治理模式、社区文化建设等进行深入探索,通过建立基于设计模拟技术的工作坊,以"社区游戏"的方式联结各个利益主体,通过建立交流平台,化解各个利益主体之间的诉求矛盾,在一定程度上解决因公共设施建设等原因造成的邻避问题。

1.3　概念界定

1.3.1　合意

合意是指法律意义上，两个或两个以上的主体就某一事项做出一致的意思表示，其中必然包括两个要素：意思表示一致和具有法律的约束力。这两个必然要素，缺其一便不会达成合意。在微观视角下的城乡规划、社区规划中，由于规划参与主体的多样性，难以避免会出现不同利益主体之间的冲突；在传统的规划工作方法中，多元主体之间的冲突往往是通过政府的一元主体来协调多方利益诉求。由于是一元的自上而下的规划过程，在解决多元主体利益诉求冲突的问题上很难得出较好的方案，多元利益主体也很难自愿对方案表示出一致的意思表示。所以在合意达成的需求下，多元主体相关的技术方法研究将成为社区规划的主要需求。[①]

1.3.2　工作坊

工作坊的概念起源于欧美国家，起先在心理学、教育学等领域被广泛使用，近几年被引入到城乡规划工作当中，大致概念是一个多人共同参与的场域与过程，且让参与者在参与的过程中能够相互沟通、共同思考、进行调查与分析、提出方案或规划，并一起讨论如何推动这个方案，甚至可以有实际行动，这样的"聚会"与"一连串的过程"，即为工作坊。[②]

① 张佳，黄杉，等.渐进更新改善设计方法研究——历史保护地段内高密度社区国际工作坊[M].北京：中国建筑工业出版社，2017：35-36.
② 黄杉，华晨，李立.中外联合教学工作坊的探索与实践[J].高等理科教育，2011(3)：28-31.

换句话说,工作坊就是利用一个比较轻松、有趣的互动方式,将上述这些事情串联起来,成为一个系统的过程。

1.3.3　设计模拟

通过被称为"工作坊"的协同作业,开发出市民主体参与的设计过程,也是本研究主题——社区规划设计模拟的主要形式。在此,社区规划的设计模拟可以定义为:通过社区规划,参加者交换具体情境,并将规划过程和成果通过特定道具和程序构成可模拟的游戏操作系统,游戏过程中持有不同价值观的参与者的互动可作为成果包含在规划过程中。

而社区规划的设计模拟可分为三个部分:"设计""模拟""游戏",即支持空间体验的设计模拟,支持角色体验的游戏,社区规划模拟游戏和现实的对接,社区规划模拟游戏的设计,多个社区规划设计模拟的展开等[①]。

1.3.4　微观城市规划

与传统城市规划的"规划""优化""空间"等概念相对应,微观视角下的城市规划与城市更新也有其"微规划""微优化"与"微空间"的概念(如表 1-1)。

近年来,北京、广州、深圳、杭州等多个城市启动了不动产登记制度,与以往的"房产证"不同,不动产证上除了权利人、共有情况、坐落位置等原来房产证上有的内容外,还增加了镭射区、不动产单元号、使用期限等内容。不动产单元号具有唯一代码,相当于证书记录的不动产在全国范围内唯一的"身份证号",通过不动产单元号就可以锁定该不动产信息;而房产证的内页内容仅包括房屋所有权人、共有情况、房屋坐落、登记时间、房屋性质、

---

① 佐藤滋,等.社区规划的设计模拟[M].黄杉,吴骏,徐明,译.杭州:浙江大学出版社,2015:8-12.

规划用途、房屋状况和土地状况等信息。

表 1-1　三种概念在不同视角下的对比

概念框架	城市规划			城市优化			规划空间		
	适用范围	主要分类	法律效力	操作依据	操作方式	操作成本	划分依据	地理意义	利益主体
传统视角	市、县等较大区域	总体规划、详细规划	一般具备法律效力	法定规划	拆迁与重建	日趋增高	道路中线（宗地红线）	连续的地理空间	与利益主体没有直接联系
微观视角	可以是一条街道，或者小区内的一栋楼	没有具体分类，每一种空间皆可自成一类	不具备法律效力	微观规划下的初步方案	利益主体体验社区模拟环境并作出反馈，再对方案进行修改	成本较低	由合意达成一致的单位所集成的空间	不一定为连续的地理空间	完全按照利益主体意愿划分的空间

在这一背景下，城市中的社区改造工作将比以往更加复杂，会有更多的利益主体，如街边的摊贩商人、住房内的居民、外界的开发商等参与其中，故规划师的关注范围也会越来越趋于微观，其工作目标从"我能为他们做什么"逐渐转变成为"我们能为他做什么"，个体利益诉求越来越被规划师们所重视，每个利益主体都希望在有限的社区空间当中得到能够满足自身需求的一块"微空间"。

规划师对于这"微空间"的规划，即是"微规划"的基本含义：规划师在微观视角下，对城市某一特定空间中的环境、文化等要素提出改造与提升的计划。"微规划"发生于旧城更新工作中权利变更环节之前，其根本目的在于通过一系列相关的工具、方法，推进旧城更新工作中"权利变更"的实现，从而使得"微规划"方案具备落地的民意基础。

而概念当中的特定"微空间"不一定是传统意义上连续的空间。在过往城乡规划工作当中,划定规划范围一般都是以道路中线(宗地红线)等划分地块的方式勾勒出一片连续、完整的土地。受地理边界限制,在宏观视角下的增量规划中,这样的划分方法十分适合中后期的工作,而在微观视角下的存量规划中,如旧城更新等工作,规划范围将来有可能会不再强调完整地理空间的概念,其划分可能会采取一个新的方式:以区域内合意达成,或是权利达成一致的群体集合空间。在空间上不一定连续、完整,但是在发展需求、方向上保持相对统一(例如在地形图上为所有赞同方案推进的物业持有人划定一个红线,而红线范围之外的持有人只要不反对此项目,不必要参与此项目,项目就可以成立)。

在一轮"微规划"制定出"微空间"基本方案之后,由于某些主观与客观因素,方案仍有一定缺陷存在,而在这个阶段,传统的座谈会、阳光规划公示等方式并不能很准确地找出方案中的具体不足之处。所以在"微规划"之后,需要再通过社区模拟技术进行一轮方案"微调整",通过多方利益主体对模拟的反馈结果,对方案进行优化,这一过程可以称之为"微优化"。

所以,可以对"微优化"作如下定义:规划师通过旧城更新相关技术方法,收集多方利益主体对于"微规划"生成方案的反馈,以此对旧城更新方案进行微观层面的优化。在旧城空间中各个利益主体接触到"微规划"方案之时,权益变更在一定意义上已经发生,"微优化"即发生在旧城更新工作产权变更的过程当中,其根本目的是确保权益变更过程的稳定性与高效性,从而降低城市更新的整体运行成本,提高最终收益,保障所有利益主体在一个更长时间轴上的收益公平性。

1.3.5 权益期货与权益现货

研究为使规划区中,合意达成下的各个利益主体权益交易能够顺利进行,将"权益交易"类比为"股票交易",那么权益也分为"期货"与"现货"两个部分。"期货"代表规划中的各项指标,"现货"代表规划实施当中与各个利益主体相关的开发项目、开发资金。在实际的旧城更新当中,势必会经历规划指标的变更与相关项目开发,在之前进行模拟的"权益期货"与"权益现货"交易,可以预知未来可能出现的情况,并及时提出修改与应对方案。

1.4 研究框架

为此,本研究试图在对国内外社区规划与旧城更新理论的总结和基础上,分别选取浙江省杭州市上城区紫阳街道大马弄 60 号与浙江省乐清市下山头村,作为基于设计模拟工作坊的城乡规划决策合意达成技术方法的城市与乡村实践点。通过开展工作坊等形式,实证研究剖析规划的合意达成技术方法实践过程中遇到的问题,旨在摸索出一种适合中国国情的规划合意达成技术,使城乡规划在当前的从增量规划过渡到存量规划的转型期中,能够继续发挥实效,从而推动存量规划制度不断完善。

根据基本概念和研究内容进行的操作构成了本研究的框架(如图 1-1)。

1.5 研究方法

1.5.1 文献查阅

通过查阅期刊文章、学位论文、专业著作等文献,对目前国内外旧城更

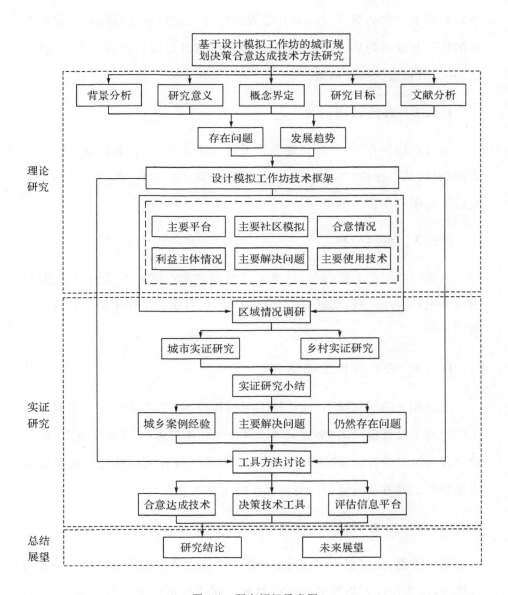

图 1-1 研究框架示意图

新以及相关工作的案例与技术方法进行整理、归纳,分析目前旧城更新工作的特征与发展趋势,在此基础上分析适合城市旧城更新的新工具、新方法,并提供相应的理论依据。

1.5.2　实地调研

通过现场调查、与多方利益主体进行座谈等形式,获取旧城空间内的空间布局、基础建设、环境条件、居民诉求等第一手资料,总结出目前旧城更新工作中仍存在的不足。

1.5.3　案例分析

分析已掌握的案例资料,根据不同的诉求重点推出不同的旧城、旧村更新方案,对方案进行实证分析,论证旧城、旧村更新工作中新工具方法的重要性。

1.5.4　设计模拟工作坊

通过相关的信息技术、设计技术与模拟技术,建立能够联系多方利益主体的基于设计模拟的"交流空间",对各个利益主体在"交流空间"中的活动过程与结果进行记录、梳理与分析,根据基于设计模拟所进行的实践结果来分析工具方法的可行性与仍存在的不足之处。

1.5.5　方案对比

通过收集、梳理相关信息所得的各个利益主体发展诉求必然有一定的多样性,故在设计规划方案时也会根据不同的侧重点设计不同的方案,对这些方案在理论与实践层面上进行对比,能更好地使研究结果具有全面性。

1.6 研究目标

(1)分析当前微观层面的城市规划工作存在的不足之处,探索在转型期间的社区规划组织方式;

(2)针对当前城市规划工作中所遇到的瓶颈,提出一个适用于微观层面城市规划的技术方法体系;

(3)将新型技术方法体系分别应用到城市与乡村的实践更新案例当中,剖析利弊与体系存在的不足,并加以改进;

(4)为社区渐进更新工作提出相应建议。

1.7 研究历程

项目于 2015 年 1 月正式启动,在启动之前,已于 2013—2014 年进行过两次实地调研。在项目启动 6 个月后,也就是 2015 年 6 月底,课题组完成了基于设计模拟工作坊方法论的初步研究。

从 2015 年 6 月到 11 月,课题组进行了初步的实证研究,先在浙江省内选取案例启动研究,验证和完善利润研究框架与研究方法。在完成第一阶段的实证案例研究之后的一个月,进行了内部讨论,阶段性地总结了之前的工作,对先前的工作坊案例及设计模拟方法等工作进行了梳理,对专题研究方案进行了进一步完善,同时完成了一本基于设计模拟工作坊的译著;2016 年 3 月,提交了研究的初步成果,完成设计模拟工作坊的运营技术与方法研究,提出相对成熟的结论,发表了针对乡村实践技术方法研究的论文；并在 2017 年年初发表了关于城市实践技术方法研究的论文。

在此基础上，课题组于 2017 年 1 月继续开展案例研究，实现案例样本和研究视角的广度分布，根据研究需要，进行案例补充研究。之后课题组在此基础上出版了基于设计模拟工作坊研究的专著。

在以上内容完善之后，课题组从 2017 年 2 月开始，对研究的整体内容进行总结，汇总成系统的成果并进行深化和完善，并且至今一直进行相关的跟进研究。详见表 1-2。

表 1-2　项目研究历程

序号	时间	项目内容
1	2013 年 12 月—2014 年 1 月	第一次实地调研
2	2014 年 3 月—2014 年 4 月	第二次实地调研
3	2015 年 1 月—2015 年 2 月	项目启动
4	2015 年 2 月—2015 年 6 月	开始基于设计模拟工作坊方法论的初步研究
5	2015 年 6 月—2015 年 11 月	出版基于设计模拟工作坊研究的译著
6	2015 年 11 月—2016 年 3 月	完成并发表乡村实践技术方法研究的论文
7	2016 年 3 月—2017 年 1 月	完成并发表城市实践技术方法研究的论文
8	2017 年 1 月—2017 年 2 月	出版基于设计模拟工作坊研究的专著
9	2017 年 2 月—2018 年 8 月	撰写结题报告
10	2018 年 8 月—2018 年 12 月	项目结题

第二章　国内外相关理论研究

2.1　相关理论起源与研究现状

公众参与起源于美国、加拿大,最初是为了稳定民心,保持社会安定,而后上升到城乡规划制定、管理民主化的高度。早在 1947 年,英国《城乡规划法》所创立的规划体制就已经允许社会公众发表他们的意见,公众还可以对他们不满意的规划决定进行上诉。英国政府部门的规划咨询小组(PAG)于 1965 年首次提出公众应该参与规划的思想。1968 年修订的《城乡规划法》对公众参与城乡规划作了规定。1968 年 3 月的《斯凯夫顿报告》提出公众可以采用"社区论坛"的形式建立与地方规划机构之间的联系;政府可以任命"社区发展官员"以联络那些不倾向公众参与的利益群体。《斯凯夫顿报告》被认为是公众参与规划理论发展的里程碑。早期公众参与规划的含义比较模糊,一方面强调公众应当决定公共政策,另一方面又提出规划师应自己决断。因此,早期的公众参与规划实质上更多的是"征询"公众意见,还不能说是公众主动地参与决策(杨贵庆,2002)。

在 20 世纪 60 年代美国民主、民权运动兴起,以及美国推动"城市更新"的背景下,"倡导性规划"(Advocacy Planning)(Davidoff,1965)认为传统的理性规划对平等和公正严重忽视,公众利益的日益分化使任何人都不能宣称代表了整个社会的需求,而倡导性规划鼓励各种团体和个人在规划过程中积极参与,每个规划师都应为不同社会群体的利益代言和"辩护",并编制相应的规划,然后让"法庭的法官"(即地方规划委员会)最后来作出裁定。倡导性规划理论对公众参与城乡规划的理论和方法进行了大胆的设想和实践,在政府、规划师和公众之间建立了桥梁,推进了美国社会公众参与规划的进程。Arnstein(1969)发表的《市民参与阶梯》(*A Ladder of Citizen Participation*)从实践角度提出了公众参与城乡规划程度的"市民参与阶梯"理论,为衡量规划过程中公众参与成功与否提供了基准。阶梯理论认为,只有当所有的社会利益团体之间——包括地方政府、私人公司、邻里和社区非营利组织之间建立起一种规划和决策的联合机制,市民的意见才将起到真正的作用。

　　20世纪70年代,哈维根据研究提出"不存在绝对公正"的观点,或者说,公正概念因时间、场所和个人而异,它是美国研究公众参与规划的另一个重要视角(Harvey,1996)。1977年,著名的《马丘比丘宪章》将对公众参与城乡规划的肯定提到了前所未有的高度:"城乡规划必须建立在各专业设计人员、公众和政府领导者之间系统地、不断地互相协作配合的基础之上。"(陈锦富,2000)20世纪80年代,Sager和Innes提出"联络性规划"(Communicative Planning Theory)(Tore,1994;Judith,1998),指出规划师在决策的过程中应发挥更为独到的作用,以改变那种传统的被动提供技术咨询和决策信息的角色,运用联络互动的方法以达到参与决策的目的(张庭伟,1999)。"综合性规划"(Comprehensive City Planning)(Branch,1985)和"联络性和互动式实践"范式的理论认为,规划师的主要工作是和上下各方进行交流、联络,这个过程是参与决策的过程,而不是"退居二线"，依靠提出报告和图纸去影响决策，这标志着规划师的角色"从向权力讲授真理到参与决策权力"的转变。美国著名的政治学家塞缪尔·亨廷顿（1989）认为"制度化是组织和程序获取价值观和稳定性的一种进程"。也就是说，能否实现公众对城乡规划的有效参与，制度是关键，如果没有可操作性的程序支持，所谓的"参与"也只能浮于表层、流于形式（郭建，孙惠莲，2007）。Arnstein 的传统公众参与的"八个阶梯"，后来于 2001 年发展为包括在线讨论、网络调查、在线决策支持系统的电子参与阶梯（袁韶华等，2010）。

　　国外近 20 年公众参与规划的理论及思想基础的发展变化表明，要真正全面认识当代西方城乡规划的发展历程，公众参与是其中不可缺省的重要方面（孙施文，殷悦，2009）。为应对从单一"经济增长"到生活质量提升和全面"社会发展"的变革要求，西方城乡规划已逐步从"为公众规划"转变到"与公众一起规划"（陈晓键，2013）。

　　与国外成熟的公众参与体系相比，我国的公众参与在组织的形式上、参与的深度上、参与的程序上都是初级的（戴月，2000），主要表现在公众参与程度低、参与的范围和比例小、参与情况存在地区差异、以自发参与为主、组织程度很低、公众参与缺乏制度途径。参与手段主要是通过城乡规划委员会制度、规划公示制度、向规划行政主管部门投诉、信访等途径进行。其主要原因在于公众参与规划意识和技能薄弱、政府宣传力度不够、参与手段太少、参与机制不健全、缺乏监督机制和法律保障，也与我国"大政府、小社会"的管理模式有关，规划信息的非公开和非透明也滋生了腐败。

　　按美国 Arnstein（1969）将公众参与分成"三种类型"和"八个阶梯"来看，我国现阶段的公众参与处于初级阶段，属于象征性参与，即公众尚处于被告知与接受的地位,还未进入合作性参与、代表性参与、决策性参与的实质性参与阶段。之所以如此,一方面是由于我国的城乡规划尚未社会化;另一方面,在我国,城市政府为追求政绩,不免会受到开发商的影响,城乡规划部门和规划师面对的是"棋子"会自己走动的"一盘棋",规划像一块橡皮泥,经常处于可以被任意揉捏的状态。规划管理监督欠缺,长官意志、行政判断在很大程度上左右着我国的城乡规划。

近几年来,我国一些沿海经济较发达的地区已经开始了公众参与城乡规划的实践探索。如上海在城乡规划展览馆专门辟出空间展示规划方案,将市民的意见作为规划修改和完善的重要依据;青岛市规划局制定了《公众参与城市管理试行办法》,规定了市民参与城乡规划管理的范围、方式、权利,规定了规划建筑设计方案的公示期限及方式,聘请市民为城乡规划监督员等;众多城市启动"阳光规划"工程,力图使城乡规划与国际接轨,如重大、重要规划采取国际公开招标的方式,鼓励公众积极献计献策,引入听证会制度,建立社会监督机制,实现规划的批前、批中、批后公示等一系列举措。

此外,我国台湾地区于20世纪90年代构建了社区规划师(Community Planner)制度,充分利用社区规划师的专业能力和素养,直接地提升公众的参与能力,同时也促进社区的营造,改造公共空间及其景观环境(许志坚,宋宝麒,2003)。社区规划师制度有效解决了官僚体系与公众(社区)沟通的障碍及公众意见沟通整合的困难,同时也能够维护弱势群体的利益,有效地改善了公众参与的效果。

2.2　相关理论的技术指标

2.2.1　公众参与的制度设计及其保障措施

美国政府不仅从法律上确立公众参与规划的合法性,而且从组织机构、制度程序上保障了公众参与规划的实现(田莉,2003)。为了保证公众参与的力度,美国政府将公众参与的程度作为投资的重要依据,并制定了相应的法规。英国的城乡规划主要有两种形式:结构规划和地方规划,英国《城乡规划法》对这两种形式的规划制定了公众参与的法定程序(郝娟,1996)。英国采用的参与方式是"公众评议",而不是"公众听政",英国政府认为,公众参与是英国规划法律体系的骨架(胡云,2005)。加拿大的公众参与制度成型于1970—2009年,并形成了完善的法律保障体系。加拿大公众参与具有形式多样性。除选举外,有听证会、公众意见收集、小组讨论、民意调查、公众会议、研讨会、审议式投票等方式(李东,2005)。德国的城乡规划可以分为土地利用规划(F-plan)和建造规划(B-plan),其编制过程是按照联邦的《建设法典》和州法律所规定的程序进行的(吴志强,1998),六个阶段的规划程序均设置了公众参与的内容与环节。目前,越来越多的德国城市正在广泛引入公众参与,市民顾问小组已经制度化,作为法律框架的一部分,其成员通常是地方利害关系人团体的代表。德国城乡规划建设中公众参与具有牢固的法律基础、广泛的社会基础和有效的制度保障(周文雯,2009)。日本公众参与制度的确立,源于20世纪80年代《城乡规划法》和《建筑基准法》修订确立的地区规划制度,这一规划制度还在规划决策程序上充分保证了区市町村地方基层政府的决策权和公众的参与权(王郁,2006)。在资金扶持方面,地区规划资金来源主要分为五种类型,第一种是政府预算内的各种财政补助,第二种是政府设立的基金或社团提供的资助或捐款,第三种是由财团或公益信托提供的资助,第四种是各种直接的捐款和捐助,第五种则包括一些其他形式的资金帮助(Morio,1998)。

2.2.2　公众参与的过程与权利

西方发达国家一般在规划制定阶段、设计和选择方案阶段、规划实施阶段及规划反馈阶段均设置公众参与规划的程序和对应的方式。与之相对应,公众也享有提案权、决策权、合作权和发言权。比如美国(闵忠荣,等,2002)在规划制定阶段,市民可以通过各种委员会、研究会、邻里小组及流动机构表达意愿(提案权),政府也会通过官员走访服务和抽样调查来了解民意;设计和选择方案阶段,公众通过参与设计、公众讨论会、游戏模拟和公众投票来表达赞成或反对态度(决策权);规划实施阶段,可通过公众培训、提供工作机会来让公众更好地参与(合作权);规划反馈阶段,设立咨询中心或电话热线保证意见的反馈(发言权)。加拿大依据不同的参与程度,将公众参与划分为五级:告知、咨询、参加、合作和授权。每一级都对应有不同的公众参与(阶段)目标、允诺(权利)和典型技术(许锋,刘涛,2012)。日本法律赋予公民高度的规划参与权,一般包括合作权、提案权、话语权,对于一些特殊地区,当地居民甚至享有决策权(邓凌云,张楠,2011),这些权利通过规划编制前、规划编制中、规划编制后三个阶段的全过程参与来实现。

2.2.3　公众参与的模式及其效果

美国各城市的市政府有不同的公众参与模式,如小区的"现场办公室"

"多元服务中心""小市府""市民咨询委员会""市民规划委员会""市住房与规划理事会""特别目的规划组",以及其他地区性、全国性或国际性非营利组织(袁韶华等,2010)。日本为最大限度保证社区决策的民主性,从尊重包括少数意见在内的所有居民的发言权的原则出发,大多数的协议会并不简单地采取"少数服从多数"或以委员会为名义的表决方式,而是对于出现意见分歧、未能达成一致共识的内容,大多采取了在方案中尽量保留不同意见的方式,由规划行政部门从更为宏观的角度和技术性要求出发最终决定规划内容(Machidukuri Association of Japan,2002);但这种仍然由行政部门进行最终决策的方法也使得地区规划的合法性和民主性受到了一定的质疑(王郁,2006)。加拿大多数民众认为,公众参与规划在短期可能会增加项目成本,并带来局部效率的损失,但从国家整体层面来看,却是有效率且符合国家长远利益的(许锋,刘涛,2012)。

总之,当前西方国家城乡规划公众参与具有以下特点和要求:①法律保障完备;②参与方式多样;③参与面广、参与程度深;④参与成效获得公众的广泛认可。而我国由于公众参与规划还处于起步阶段,存在的问题较多。

2.3 当前环境存在的问题

2.3.1 缺乏应有的法律保障

我国现有的城乡规划法规没有明确公众参与的主体、具体权利以及相关的法律程序,只注重于对规划建设部门的行政行为的授权,而对规划行政控制的立法相当少。孙施文(2002)认为我国城乡规划公众参与的主要症结在于：规划者的认识还停留在"我制订，你执行"的阶段；缺乏普及和宣传，市民对自身的权益缺乏认识，影响了参与规划的热情；公众参与缺乏真正的决策权和相应的制度和法律保障。我国在城乡规划公众参与方面的立法相对滞后：公众参与城乡规划的法律地位没有得到确立；公众的知情权、参与权得不到体现；缺少公众参与的内容规定（生青杰，2006）。

2.3.2　参与的内容、方式与途径不明确

从我国现阶段的公众参与现状来看，普遍都流于形式，公众基本上是事后参与、被动接受（胡云，2005）。公众参与受市民自身环境、利益、性别、年龄、职业等条件限制；虽已取得初步成效，但缺乏连续性和互动性，公众参与的热情主要集中在形体规划上（闵忠荣等，2002）。听证是规划公众参与的重要方式，属于一次性决策，涉及的仅仅是单一或少数利益主体（生青杰，2006）。

2.3.3　公众参与的意识淡薄

我国公众参与城乡规划的根本问题是公众教育问题，在公众参与的初期阶段，规划重点应放在规划知识的普及和传播上（陈志诚等，2003）。由于长期以来的惯性作用，在公众心中，城乡规划是国家、政府的事，规划主管部门或其他部门都很少向社会公布有关规划信息，规划好像是一件很"秘密"的事，公众已经习惯游离在外了。加之，相关部门出于各种原因而忽略对公众参与意识的培养和媒体宣传力度不够等情况，导致了我国公众参与城乡规划的意识和热情都极端缺乏（胡云，2005）。要促使参与城乡规划的公众由消极参与向积极参与转变，城市政府应该在推进信息公开、增加参与途径、培育公众自治组织等措施以外，再承担起完善公众参与制度、

回应公众利益诉求、善待积极参与者的职责(徐善登,李庆钧,2009)。

2.3.4　相关研究较多但涉及参与形式与方法的研究仍缺乏

近年来众多学者从不同角度对公众参与在我国城乡规划实践方面展开研究,如公众参与的参与范围(孙施文,2002;侯丽,1999)、公众参与的组织机制(陈兆玉,1998;张萍,2000;赵伟等,2003;闵忠荣,等,2002)、公众参与的体制改革(赵伟等,2003)等等。然而这些多是对我国城乡规划制度、体制方面的探讨,关于我国城乡规划公众参与的具体形式、操作方法的研究则较为缺乏。

第三章　技术方法研究

3.1　现有城市"微更新""微规划"技术方法体系

3.1.1　体系概括

近些年来,已有多家规划团队对微观层面的城市更新工作进行了一系列研究,提出了相应的城市"微更新"系统。

2015年,上海成立"城市更新工作领导小组",颁布《上海市城市更新实施办法》。近几年来,上海多个设计研究团队在城市"微更新"的背景下对上海的社区营造路径(马宏等,应孔晋,2016)、老城区改造(蔡永洁,史清俊,2016)、中心城风貌区更新(薛鸣华,等,2018)等问题进行了实践与课题研究;之后,南京(马颖忆等,2017)、重庆(黄瓴,明钰童,2018)等大城市也开展了城市微更新行动规划。对城市微更新提出基本理念:摒弃西方大规模城市改造,采取渐进式、小尺度、拼贴式的城市更新策略,其显著特征在于注重人的现实需求,使城市更新符合人的尺度;注重中小型功能的多样性,更加重视中小规模的、功能多样的改造(如图3-1);强调小项目对城市复兴和"有机拼贴"的积极作用。①

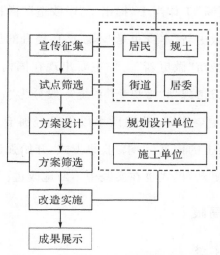

图 3-1 "微更新""微规划"模式示意②

在具体实践中,马颖忆的研究团队在南京市城市"微更新"工作中,针对公共服务设施这一块,提出应对用地紧张分散的"两分一合"配置方式,在公共服务设施配套方面对城市"微更新"提出研究观点;黄瓴的研究团队在重庆市城市"微更新"工作中提出分别以外部动力、内生动力为主的两种微更新动力模式,并以此为基础将渝中区城市"微更新"分为"社区赋能——线性空间微更新的资产激活""外部链接——线性空间微更新的资产联动""协同治理——微更新过程中的公众参与"三个阶段的工作模式,

① 概念来源:马颖忆,等.古都型城市"微更新"视角下公共服务设施配套研究——以南京秦淮白下单元为例[J].金陵科技学院学报,2017,33(3):32-36.
② 图中"规土"指"规划主管部门"与"土地主管部门"。图片由以下文献整理得出:i.马宏,应孔晋.社区空间微更新——上海城市有机更新背景下社区营造路径的探索[J].时代建筑,2016(4):10-17.ii.蔡永洁,史清俊.以日常需求为导向的城市微更新——一次毕业设计中的上海老城区探索[J].时代建筑,2016(4):18-23.iii.胡文荟,王舒,赵宸.场所营造与城市历史街区的微更新保护——以大连东关街为例[J].中国名城,2018(1):64-68.

强调公众参与的重要性,提出多方协作的参与方式等;薛鸣华的研究团队在上海的城市"微更新"工作当中,提出了"微改造""微提升""微设计"三个工作阶段,并说明"微更新"本身也是"不断循环提升的过程"①。

到目前为止的城市"微更新"工作主要出现在国内一、二线城市当中,当前"约定俗成"的城市规划"微更新"系统一般分为"宣传""交流""设计""筛选""展示"五个主要步骤,从建设手段上已经摒弃以往的大拆大建模式,开始注重自下而上的信息(诉求)收集方式,开始强调公众参与,开始引入工作坊技术,"微更新"模式也在实践中不断地改进。

3.1.2 存在局限

3.1.2.1 权益转移

当前的城市"微更新"主要以棚改项目为主,主导方为政府机构,主要手段为大拆大建,对于规划项目区域内的居民而言有且仅有两个选择:一是货币补偿,二是产权置换,即异地安置或回迁安置以获取"新房",而两个选择的共同点是都得交付原先的"老房"。另一方面,棚改类项目使中央政府和地方政府投入大量资金,对作为改造权益主体的居民也以直接补贴为主。故大多居民都会接受"大拆大建,拿补偿费"的做法,而在国内经济持续增长、人民生活需求不断提高的情况下,大拆大建的成本超出政府承受范围仅仅是时间问题,部分地区已经出现远超政府承受范围的情况,如杭州上城区湖滨街道部分地块的更新改造拆迁费已经接近 10 万元/平方米。这类大拆大建的操作手段即城市更新"权益转移"的方式之一,这类方式存在以下局限性:

---

① 薛鸣华,岳峰,王旭潭. 中心城风貌区"微更新"案例研究——以上海市永嘉路 511、永嘉路 578 和西成里为例[J]. 中国名城,2018(3):72-82.

其一,此类权益转移的模式比较单一,并不真正适用于所有城市更新案例。而理论上权益转移形式十分多样,但目前除盛行的"大拆大建"模式之外,基本还是停留在理论阶段,未进入实际操作阶段。

其二,对于居民而言,权益转移方面的知识理解并不深,选择余地过小,仅有单一的权益转移模式,故相对侧重于直接的经济补偿;对于政府而言,在物质生活水平持续提高的环境下,每一次新的拆迁过程,就意味着成本增加,而卖地或者其他开发收益则未必能够收回拆迁时花费的成本,此种模式迟早难以为继。

其三,新权益转移模式的出现,也与国家层面的制度创新有关,而近几年来整合成立的国家自然资源部为这种创新提供了顶层设计的可能性。

如何确保微观城市更新实践在操作上能够顺利进行?成功的权益转移将起到关键作用。在之前的实践项目当中,由于大多采取简单的权益转移模式,对于权益之间如何分割、如何协调并未作深层考虑,导致大部分项目并未取得圆满成功,社会风评、花费成本等方面都存在不尽如人意之处。

3.1.2.2　运营模拟

正因为权益转移模式的相对单一,在"大拆大建"模式的引导下,城市更新的开发方案被简化成类似在空白纸上作图的新城开发房地产模式。而事实上城市更新的实际落地方案论证是一个十分复杂的过程。

这一过程的复杂性不仅仅在于建造之前的权益转移过程,还在于建造过程的高要求,以及建造完成之后相当长时间跨度内高难度的运营维护,而建造完成后的详细运营系统往往在规划设计方案中被轻量化甚至忽视。一个完整的城市更新项目不论其体量大小,都会经历规划设计—施工建设—后期运营这些过程,由于国内较高效的建造水平,建设过程都能在工期内顺利完成,而后期运营大多存在种种问题。① 因此但凡相对成功的运营案例,基本都变成了明星项目。

另一方面,建造之前权益转移过程的复杂性部分也源自各个利益主体对于后期运营收益的过于乐观的估计,譬如对于区域内的生活个体而言,不断上升的拆迁补偿费用会使其认为,政府、开发商采取大拆大建的措施时,自身定能拿到大量补偿费,过去的城市"微更新"项目在展示成果阶段主要采用设计平面、效果图等表达方式将方案展示给各个利益主体,而缺乏对方案实施过程与实施后运营情况的表现;如果能够在初始阶段就对未来可能选择的开发运营方案进行模拟,并让存在权益转移的各方参与其中,从空间、时间与利益三个角度展现方案的结果,就能使其真正看到方案的可实施性与经济效益,也有助于在建设方案的决策中,选择真正有利于后期运营的开发方案。

由于微观的城市规划设计工作非常细化,设计方案结果难以直接预测,这就需要对应的运营模拟来实现。

3.1.2.3 合意达成

从棚改项目的运作情况来看,地方政府开始将合意作为项目成立的先决条件(如宁波棚改项目要求改造方案同意率90%,搬迁协议签约率80%方可启动②),这是一个重要的变化。

而当前主流的"大拆大建"棚改模式属于相对而言较为简单的城市更

---

① 中国城市规划网. 如何让城市微更新落地有声?〔EB/OL〕. http://dy. 163. com/v2/article/detail/D8UGJMFB0516C1LE. html. 2018-01-24;董家声. 解密碧桂园快消式高周转〔N〕. 北京商报,2018-04-13(003);刘艳涛. 远洋地产:研判高周转〔N〕. 中国房地产报,2014-06-09(A07).

② 相关政策文件:宁波市人民政府《关于推进以成片危旧住宅区为重点的城市棚户区改造工作实施意见(试行)的通知》(甬政发〔2014〕87号);海曙区人民政府《关于印发海曙区推进以成片危旧住宅区为重点的城市棚户区改造实施方案(试行)的通知》(海政〔2014〕60号)。

新模式,传统的微观城市规划方法体系下,规划设计方案的编制过程主要由政府与设计团队主导,方案涉及的各利益主体从规划设计到实施的时间段内,基本上还是以"旁观者"身份存在,即便是之前流行的"阳光规划"①,公众的参与程度也只是体现在"全程知情""监督执行"两个方面,实质性的参与机会仍然有限。其他利益主体,尤其是居民对设计方案的影响力更多体现在评价权(如在规划方案意见征求阶段提出评价)、激烈的否决权(如邻避运动游行示威)和用脚投票(拆迁拿钱走人,方案好不好与己无关)等,难以真正参与到方案的形成和完善过程中。此类参与形式,其弊端和局限性正在被政府、规划设计师和项目开发主体所认知。

故单一的权益转移模式在将来难以适用于微观层面的城市更新上,在今后的城市更新项目中,应尝试实践更为复杂的权益转移,在项目前期设计、中期建设、后期运营的全部过程中都能综合考量各个利益主体的权益状况,而要实现更为复杂的权益转移,则需对应设计能够包容更多复杂选择的合意达成工具和方法。

3.1.3 总体框架设计

研究工作的关键是如何促进各个利益主体的合意达成,由于城市更新优化工作势必带来施工量,暂时性影响优化区域内部的生活环境,故在初始阶段各个利益主体尤其是生活于优化区域内的生活个体的合意达成具有重要意义;生活个体是整个推进工作的重要一环。由于初始阶段各个利益主体对于规划设计的最终结果的了解并不统一,提及城市更新,商业个

---

① 阳光规划:以建立和实施城乡规划公示、公布和公告制度为主要内容,通过城乡规划工作的公开,保证规划工作的公正、高效和工作人员的廉洁,通过扩大群众的参与力度,把人民群众对建设项目的知情权、建议权和财产维护权落到实处。参见:曾艳,陈晓刚.基于"阳光规划"的新农村规划模式探讨[J].农村经济与科技,2009,20(12):35-36。

体看到的是经营收益，建设个体看到的是完工之后拿到的施工费，政府、运营管理个体看到的是之后良好的社会风评，而生活个体看到的则仅仅是"优化"一事与优化过程中带来环境上的负面影响，这也是规划难以落地的主要原因之一，因为各个利益主体在项目初始阶段，掌握的信息、看到的愿景、期待的回报不尽相同。

要促进各个利益主体合意达成，首要工作是将各个利益主体进行认知统一，通过社区认同游戏等认知型模拟（PS）工具来达成，在初始阶段，首要解决的问题为"是什么"；解决这一问题之后，在各个利益主体掌握的信息得以统一，需求相对清晰的情况下，再向其说明具体的规划内容，并通过"微规划""微优化"等预测型模拟（CS）工具技术，对规划设计方案建设过程中与完工后可能出现的情况进行预先模拟，使各个利益主体了解各自在这个过程中的付出与回报，如果在模拟过程中出现较大的弊端，则及时反馈问题，对方案进行改进，在这一阶段主要解决"做什么"的问题；在各个利益主体了解规划模拟结果，并得知规划设计的结果利大于弊后，想要推进规划落地，则需要期货交易的顺利进行，以及让各个利益主体看到项目建设完成之后的运营情况，这一部分也需要通过对应工具，如计划行为理论（TPB）技术模拟发现问题并及时进行反馈，对运营体系与交易内容进行及时改进，这一阶段主要解决"怎么做"的问题，使最终合意顺利达成，实现项目的顺利落地。

总体框架示意图见图 3-2。

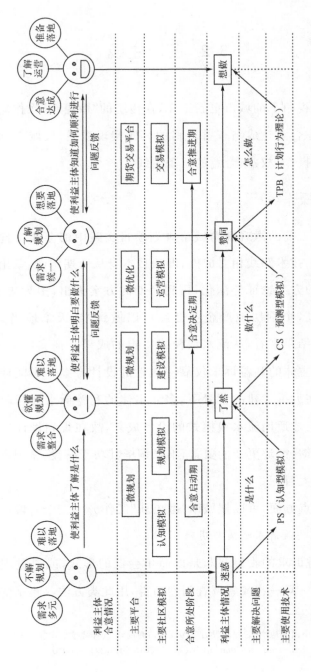

图3-2　总体框架示意图

3.2　三条主线

开展微观视角下的城市更新工作,在传统的"微更新"操作流程的基础上,还需要考虑合意达成与权益转移的具体实现途径,故城市"微更新"工作应具有针对操作、权益、合意的三条主线。

3.2.1　操作线

操作线是之前的微观视角城市规划项目实践中都会涉及且起到中轴作用的工作线,技术路线相对成熟;即项目本身从前期调研、拿出初步方案开始,到中期的方案论证与深化,再到后期的方案推出,多为流水线模式,工期短,效率高,个别房地产企业已经可以做到"当天拿地当天出图"[①]。而从多个实践结果来看,从流水线模式得出的成果往往实施阻力较大,微观区域内多元主体的利益诉求仅靠一次性的设计方案并不能使其同时得到满足,只有在大拆大建的背景下,多元主体的利益诉求强行归为金钱要素,此类情况下才适用流水线模式的设计成果,故在规划设计工作当中也应增加实时反馈、循环更新的要素,不强调毕其功于一役,重视不断积累小成果从而实现大目标。

在工作重点方面,可以把城市"微更新"工作分为三个阶段(如图 3-3)。

3.2.1.1　利益诉求收集与明确

首先,利益诉求的收集并非是以简单会议的形式,或通过规划师与各个利益主体的一问一答或者调查问卷而得,用此类方法收集来的利益主体

---

① 相关新闻:中国网地产.碧桂园发力三四线城市高周转 设计院接到需求当天内通宵出图[EB/OL]. http://house. china. com. cn/Company/view/1515013. htm,2018-04-12.

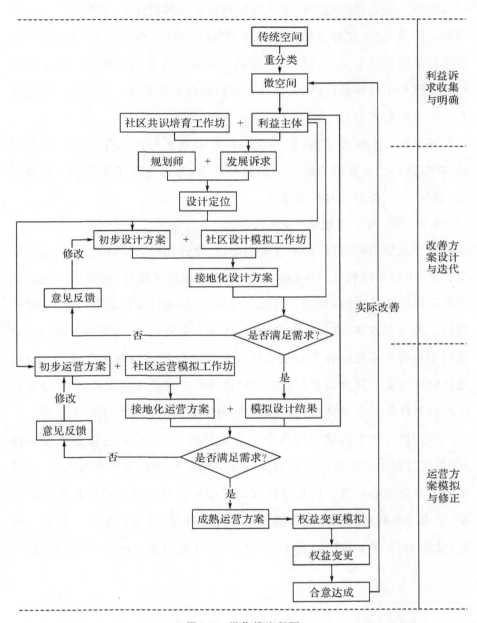

图 3-3　操作线流程图

难以梳理总结,有效信息少,更难以落到实际方案设计中;欲获取落地性强的利益诉求,应该在各个利益主体达成"社区共识"的前提下,进行各个利益主体的组织准备工作,建立"社区共识培育工作坊",以相关工具使各个利益主体对于社区具体情况、具体存在问题以及规划师对社区规划的意图有一个全面的了解。

各个利益主体形成"社区共识"后,才会真正对社区存在问题产生兴趣,并以这些已有问题为核心提出利益诉求,通过此类工作得到的利益诉求具有一定的针对性与可落地性。

3.2.1.2　改善方案设计与迭代

基于规划指标,进行初步方案的定位、设计、表达与修正。在初步方案定位时,出现不同利益主体诉求无法进行调和的情况时,则可以先提出侧重点不同的改善方向,便于开展比较论证研究;通过论证结果,选择可操作性较强的方案方向,进行方案设计;设计方案完成后,也需要设计师通过对应的工具将方案能给各个利益主体带来的增益简明地表达出来,形成"接地化设计方案",使得所有利益主体都能理解方案设计的相关信息,能及时提出针对性修改意见并进行实时修改,并为之后的方案修正打下基础。

要使设计方案能够抓住各个利益主体痛点,不应只是规划师参与设计,设计过程中也要通过对应措施积极带动其他利益主体参与其中,使其了解设计方面的细节。如若全程规划师按照自身经验与设计规划形成方案,建成之后利益主体对此可能并不能完全接受,甚至会导致一些社会问题,譬如2016年上海出现老年人在"宜家"扎堆占座情况①,然而同一时期

---

① 相关新闻:新华网.上海宜家餐厅频现中老年相亲族扎堆占座 商家无奈推限制令[EB/OL].http://www.xinhuanet.com/city/2016-10/12/c_129319432.htm,2016-10-12.

上海的多家日间照料中心却人气不足[①]。这凸显出,在公共空间设计上,如果只是部分主体参与设计与建设,势必会导致成果的实际使用程度不高,未能与原先设计初衷相对应的情况。

此外,让各个利益主体参与到设计过程中,也能够更加充分地将各个利益主体的诉求及时地反映在方案当中,这个阶段会多次举办设计模拟工作坊来迭代设计方案,使之在依循初始侧重设定的基础上越来越贴近多数利益主体的博弈均衡点。

3.2.1.3　运营方案模拟与修正

经多次方案改善与迭代后,能够得到接近成熟的设计方案,可将其与各个利益主体通过模拟场景的模式相结合,建立一个社区运营模拟工作坊,将运营体系具象化,增强其可操作性,形成"接地化运营方案",使各个利益主体能够在运营模拟工作坊中体会到方案具体运营的细节,从而获取参与运营模拟后的改进意见,对项目进行修正,再进行设计模拟;循环到各个利益主体都能接受,即合意达成后,便可以顺利完成权益变更的模拟。

权益变更的模拟是运营模拟的第一步,也是运营模拟修正的最后一步,操作线的最终目的是权益变更最终方案的达成,即合意达成。

3.2.2　权益线

城市"微更新"当中,确保项目顺利进行的关键问题,便是各个利益主体之间的权益能否得到明确均衡,多元主体的"确权"成为首要步骤。以往城市"微更新"工作为确保项目顺利推行,最终还是采取政府一元主导或者规划设计师基于政府授意下主导的体系;对于其他利益主体的权益应该如

---

① 相关新闻:新民晚报.上海建 381 家日间照料中心 成本太高 人气不足[EB/OL]. http://www.chinanews.com/sh/2015/07-02/7380564.shtml,2015-07-02.

何具象化,如何确保其权益的真正落实,如何将各种复杂交织的权益边界进行梳理、整合,并没有作深入研究。权益的交易如何开始,中间过程如何进行,最后以何种形式达成,也是研究中需要理清的一条工作线。

　　权益转移也可以分为三个阶段(如图 3-4),最终目标为达成合意。

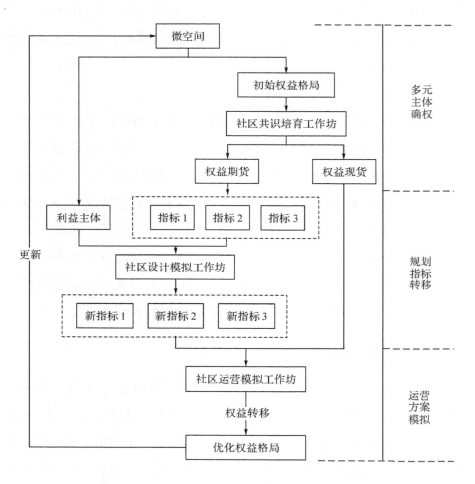

图 3-4　权益线流程图

3.2.2.1　多元主体确权

多元主体确权分为两个部分:其一是明确各个利益主体已有的权益边界,其二是在确定前者的前提下,使各个利益主体明确自身权益存在的缺陷与不足。

确权是权益转移的起点。就如同计划切一块蛋糕,如何切、切多少块等问题都建立在这块蛋糕的具体现状下,故确权的主要任务就是确认各个利益主体所持的"权益现货"。

在宏观的规划指标确定后,应进行项目的具体内容,即确定各个多元主体所实际持有的权益。这一阶段的主要工作是展开对应工作坊,在形成"社区共识"的前提下,鼓励各个利益主体相互交流,提出自身的需求;以此为基础,确定"权益现货",即开发项目与开发资金等相关信息,从而完成权益期货"变现"的过程,促进多方利益主体合意达成。

3.2.2.2　规划指标转移

在多元主体确权之后,即相当于明确了蛋糕"是什么"与"怎么了"的问题后,下一步的主要问题就是蛋糕"怎么分",即规划指标转移。

政府规划文本中的规划指标即相当于"权益期货"。在规划指标向各个利益主体公开,以及已建立完整的针对各个利益主体信息库的前提下,征求规划指标调整意见,将容积率、建筑高度等规划指标进行合理化调整,便于之后方案更能体现多元利益主体的利益诉求,为权益现货的确定打下一定基础。

而要使利益主体能够接受规划指标转移的结果,必定需要在区域内取得增量,一般情况下,增量空间需超过原区域的 40%[①],各个利益主体才愿

---

①　赵城崎.基于共同体原理的城市更新方法论的研究与实践[D].上海:同济大学,2018.

意参加到城市更新工作当中,这就需要通过容积率转移等方式实现;而容积率转移等指标层面的操作则应由城乡规划部门主管负责,在确保规划全局性公益目标得到保障和尊重的情况下,适当让渡改造项目的规划指标裁量余量,或者允许在不同权益主体所持有的不同权益之间进行适当的转移。

3.2.2.3　运营方案模拟

在规划项目确定下来之后,并不能立即保证每一步都会顺利进行,为应对方案实施过程中可能出现的问题与阻碍,需要先模拟一个运营方案,让项目进行一个周期(如数十年)的模拟运作,使期间可能会出现的问题提前显现出来。同时也根据微空间中各个利益主体随年龄增长可能出现的需求进行预先准备。根据预先发现的问题调整规划设计方案与运营模式,使项目具有更高的可行性,为各个利益主体所接受,使各利益主体对不同更新方案的利弊关系了解得更为透彻,进一步促成合意达成。

3.2.3　合意线

要使权益转移顺利进行,实现权益持有者——各个利益主体之间合意的达成为关键一环。形成合意,需要进行会议组织、对居民进行认同感培养、共同建立社区工作框架等大量工作,使各个利益主体循序渐进地对社区以及规划设计方案形成认同感,最终促使合意达成。

三条主线的最终目的为合意达成下的权益变更,而合意达成本身也分为三个阶段:合意启动、合意决定、合意推进(如表3-1,图3-5)。

表 3-1　合意达成的阶段及其主要工作安排[①]

合意启动 （即共识培育）	启动	提出社区宣言，筹备社区会议
		社区规划师人才储备，招募专业社区规划主持人
		相关案例讨论，交流经验，鼓舞士气
		提出"社区共识培育工作坊"
	准备	确定社区规划目标与理念
		建立社区规划资金援助制度，明确经费来源，设立行政化的预算审查机制
	组织	社区规划体制框架探讨与确定
		明确各种社区行动课题的执行组织
		传达社区规划的工作安排
合意决定 （即设计模拟）	试行	规划设计项目模拟运行，明确具体阶段的目标指向
		建立与运行基于市民主体的社区中间组织、政府、专家共同参与的社区规划合作模式
		向政府有关部门递交规划提案书，达成社区规划协定，确认社区规划的目标及方向，进行多角度的项目评价和检讨，考虑替代方案的可行性
	检讨	社区规划事业组织及其战略的确立和相关过程的检讨
		建设社区规划条例制度，以应对相关工作中出现的突发情况
		政府、市民组织、专家、相关企业和事业单位，形成常设的合作体制和制度
合意推进 （即运营模拟）	保障	社区地域自治组织建立、社区运营和合作推进、相关体制整备
	推进	进行社区模拟运营，使各个利益主体明确方案运营模式

---

①　资料来源：黄杉.城市生态社区规划理论与方法研究[M].北京：中国建筑工业出版社，2012：239-241.

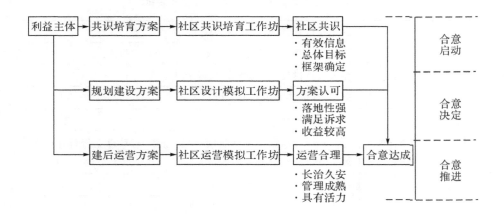

图 3-5 合意线操作流程图①

3.2.3.1 合意启动

（1）启动

这一阶段是向各个利益主体收集社区规划意向的启动工作。在初始阶段，社区内各个利益主体所掌握的情报基本上都是与自身利益密切相关的信息，故掌握情报各不相同，且对社区更新规划并没有表现出明显的关心；在信息不对等、参与度不高的背景下所提出的发展诉求，必定存在各个方面的冲突，有效性也难以保证，难以将需求很好地落实到规划设计方案当中。故要收集有效的、落地性强的发展诉求，就需要有"社区会议""社区共识培育"等工作。

在社区会议之前的阶段，可以对外招募社区规划师等相关专业人员，对内召集属地企业、物业所有者以及社区内自发呼吁支持社区更新工作的普通居民，将他们纳入社区规划体制当中，通过适当的平台，召开社区规划

---

① 资料来源：黄杉.城市生态社区规划理论与方法研究[M].北京：中国建筑工业出版社，2012：239-241.

预备会议,进行社区共识培育,将各个利益主体所掌握的信息相互公开,在此基础上展开社区未来课题的讨论。

社区规划事关当事人切身利益。设身处地参与社区规划讨论会,并就心中的理想进行社区规划预演,这一社区规划中原本最困难的阶段,也就成了社区快乐梦想开始的阶段。

此外,政府规划部门涉及社区地域的城乡规划方案,应纳入政府部门组织的社区规划审查会,增加市民参与的机会。这一阶段社区中个人和组织会提出不少良好的意见和建议,这些意见和建议应该编辑成"社区语录",以备之后回顾和消化。

(2)准备

即社区规划的工作准备阶段。这一阶段的首要任务就是确定社区规划的目标以及理念,社区愿景和社区主要问题也应在这个阶段得到明确。通过组织筹备,建立相对前一阶段更完善的讨论组织机制,以规划设计主体推出的初始方案为基础,开展资料收集准备工作;并建立"社区共识培育工作坊",正式开展"社区共识培育",与政府部门、专家学者、原住民等利益主体讨论互动,发现方案的问题与潜力。

这一阶段需要建立规划资金援助的渠道和系统(一般为政府和企业两个来源),如日本在全国建立了对社区规划的资金援助制度,社区在完成准备工作后能够较容易地获得国家的资金援助。与此同时,也要建立严格的资金使用审查机制。

(3)组织

在社区共识形成的前提下,确定社区规划的实施主体、体制框架,以及进行社区规划各种实施过程可能性的讨论;明确社区中间组织的核心会员的分工;通过提出社区规划的未来愿景,向普通的社区民众进行公示、征求意见。通过这一阶段的工作,明确以上内容,并开启新的发展阶段。

3.2.3.2　合意决定

（1）试行

在规划正式展开之前,需要先进行一系列模拟工作,探究方案在建设期间可能存在的不足;建立"社区设计模拟工作坊",召集各个利益主体进行建设阶段的模拟,使其了解社区规划的运作流程和各个阶段的具体情况,建立各个利益主体对当前社区规划工作体制和工作团队的信赖。

在规划模拟阶段,需要社区中间组织（即由社区各个利益主体的代表所形成的工作小组）不断保持对规划的高度关注,并对社区规划保持信赖、对社区发展寄予希望。在整个过程中正确引导其他利益主体,使其能够明确了解并接受规划设计方案的规划理念与设计内容。

（2）检讨

在规划方案模拟完成后,需要对设计方案、社区规划战略的确立及其过程中存在的不足之处进行及时的检讨;并根据模拟结果,建设社区规划条例制度,应对相关工作中可能出现的突发情况,形成常设的合作体制和制度。

3.2.3.3　合意推进

（1）保障

具体社区规划项目告一段落,并不意味着社区规划的完成,对于社区规划,需要建立一个"终身陪伴制度",在项目落成之后,应是社区规划持续展开的阶段;规划过程中建立的组织及其运作机制将在其后的运营工作中继续发挥重要作用。

此外,新的社区规划项目引入后,既有组织也可以迅速投入工作。社区中间组织在日常运作中应当保持核心会员的定期更新和轮替,维持其管理运作的活力,保障社区稳定发展。

社区规划是没有终点的持续过程。随着我国城市化进程的完成以及城市和村庄人口最终维持在一个相对稳定的比例上,大多数城乡社区也将形成一种可以维持的成熟状态,需要建立一套与之相适应的成熟的管理体系。成熟,也代表了社区个性的成型。

走向成熟的社区,不再需要通过呼吁和维权来改善生活品质,良好的居住环境和由社区自身维持的运营活动,居住环境的保持、保护和地区计划的落实,一切都有章可循、有法可依。

(2)推进

社区规划方案敲定之后的具体运营,也需要通过建立"社区运营模拟工作坊",推出模拟的运营方案,集合各个利益主体参与到运营模拟当中,使其明确建成之后成熟的运营模式,了解规划设计方案分别在短期与长期能给他们带来的利益,以进一步促成各个利益主体的合意达成,完成"权益期货"的交易,即利益主体间规划指标的交换。

3.3 三大平台

基于设计模拟工作坊的城市"微更新",需要依靠相应的社区模拟平台来保证各个方案的可行性与全面性,而社区模拟平台主要分为三个平台来运行:微规划平台、微优化平台、交易模拟平台(如图3-6)。

3.3.1 微规划平台

"微规划"的根本目的,是实现城市"微空间"内的权益变更,而实现权益变更的关键步骤,即是将多方利益主体集合到一起进行交流,将规划设

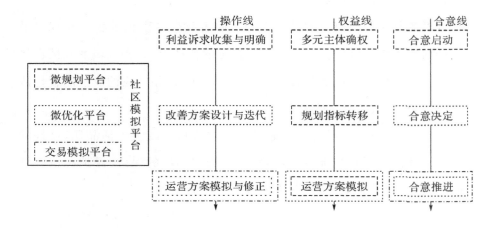

图 3-6   三大平台示意图

计方案从初始版本逐渐完善成能够满足各个利益主体发展诉求的落地版本,促进合意达成,最终使权益变更顺利进行。

故"微规划"的运行是先由规划师将规划"微空间"内的各个相关的利益主体集合到一起,进行社区共识培育,再以线下会议或线上论坛、群聊形式收集多方的发展期望与利益诉求,并通过相应的"微规划"工具包,管理"权益期货",将各个利益主体诉求与各个规划指标相结合,协助规划师设计出尽可能满足多方需求的大致方案。如在方案设计过程中发现新的问题,也可再回到技术工具包进行实时调整,得出可实施性强、落地性强的方案,以此推动多方利益主体之间的合意达成,促进最终各个利益主体的权益变更。这在合意启动阶段会起到重要作用。

该平台在利益诉求收集与明确、多元主体确权、规划指标转移、运营方案模拟、合意启动等环节中都起到关键作用。该平台通过管理"权益期货"规划指标,并将这些指标与各个利益主体的诉求相结合,使得各个利益主体的诉求能在设计方案中尽可能完整地、相互无冲突地体现出来,在此基础上,提出城市"微更新"的社区"微规划"完善方案。其运行机制如图3-7。

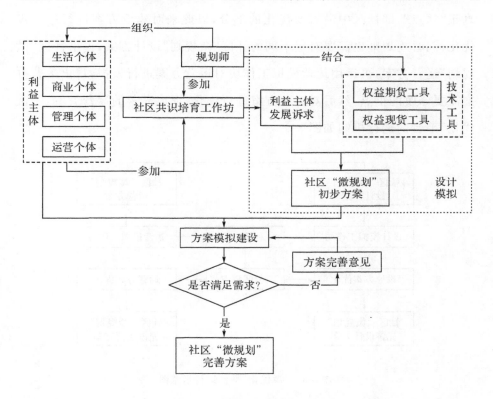

图 3-7 "微规划"平台运行示意图

3.3.2 微优化平台

在社区"微规划"完善方案提出之后,需要通过多次的模拟实践结果将方案进行逐步优化、深化,需要建立与规划方案对应的运营模式;在微优化平台内,则需要集结各个利益主体进行运营模拟,收集其反馈结果,及时回到设计层面进行修改;优化规划方案之后再进行运营模拟,完善其运营模式,促进"权益期货"变现落地。

　　"微优化"的机制是在"微规划"平台提出社区"微规划"完善方案之后，在设计模拟工作坊中进行建设工作的社区模拟，在模拟建设的过程中找到真正"痛点"，即社区中最需要优化的部分，以此来对建设方案进行进一步优化；同时规划师也需要对应不同的社区"微规划"设计方案，提出社区"微规划"运营方案，再运用运营模拟工作坊对运营方案进行模拟，得出运营方案需要修改的重点，然后对运营方案进行优化，形成完善的运营方案。"微优化"平台的运行机制如图 3-8。

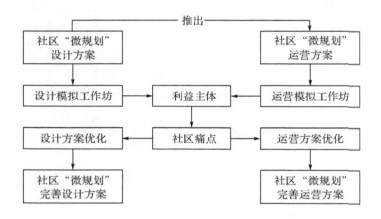

图 3-8   "微优化"平台运行示意图

3.3.3　交易模拟平台

　　在规划设计方案与运营方案都敲定之后，各个利益主体对整个规划体系都表示"赞同"，而真要使方案落实，除了落地性强的规划方案、收益较高的运营体系以外，还需针对"权益期货"交易进行一次模拟。"权益期货"从分配到各个利益主体到进行最后的交易模拟时，即表示之前微规划、微优化平台得出的最终方案得到了各个利益主体的认可。

　　由于权益交易的受体主要为相对抽象的定性信息(利益主体身份信息、发展诉求信息、规划目标等)或定量信息(规划细分指标等),故进行交易模拟可以通过类似"桌上游戏"的形式进行。将权益期货、交易规则等要素简明化,转换为"游戏"的形式,召集各个利益主体进行"社区游戏"来模拟权益期货交易的过程与结果,最终促使各个利益主体从"赞同"规划设计方案到"想一同执行"规划设计方案,即达成最终合意。其运行机制如图3-9。

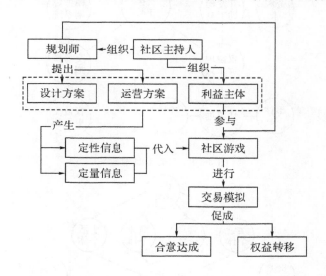

图 3-9　交易模拟平台示意图

3.4　三类工具

　　三大设计模拟平台的正常运行,需要对应的技术工具支撑。可以将主要工具根据不同适用阶段分为权益期货工具、权益现货工具以及交易模拟工具(如图 3-10)。这些工具集合起来就是一场完整的"社区游戏"(如图 3-11)。在社区游戏中,各个利益主体扮演不同的具体角色,代入具体建

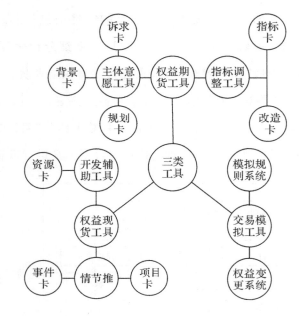

图 3-10   三类工具示意图

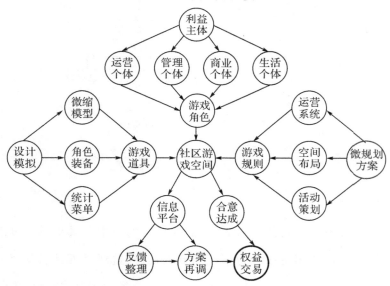

图 3-11   社区游戏示意图

设、运营场景,通过一种多人策略图版游戏来模拟社区规划全过程,保证规划设计、运营方案的落地性、科学性与可行性。

三类工具汇总见表 3-2。

表 3-2　三类工具汇总表

工具分类			工具功能	工具使用激活条件	案例使用章节			备注
一级分类	二级分类	三级分类			4.3.2 设计模拟	4.3.3 运营模拟	4.3.4 交易模拟	
权益期货工具	主体意愿工具	诉求卡	模拟利益主体发展诉求	在社区模拟工作坊初期,需要确定各参与角色的各项属性	○			
		规划卡	模拟上位规划发展目标		○			
		背景卡	模拟角色年龄、性别等基础属性		○			
	指标调整工具	指标卡	将规划指标细化	在确定各参与角色各项属性的基础上,需要明确可改造空间的相关属性	○			包括容积率卡、绿地率卡、建筑密度卡、建筑限高卡等
		改造卡	将改造内容具体化		○			明确各个参与角色的改造任务与改造愿景
权益现货工具	开发辅助工具	资源卡	模拟角色所拥有的资源	需要使角色作出的决策具有可行性,有行动根据	○	○		
	情节推进工具	事件卡	模拟社区日常生活中常见事件与意外情况	需要模拟社区日常事件与意外情况,以及导入项目,推进工作坊进程	○	○		
		项目卡	模拟投资方、运营方可能会导入的项目		○	○		

续表

工具分类			工具功能	工具使用激活条件	案例使用章节			备注
一级分类	二级分类	三级分类			4.3.2 设计模拟	4.3.3 运营模拟	4.3.4 交易模拟	
交易模拟工具	模拟规则系统		确定社区模拟工作坊的游戏规则	存在于社区模拟工作坊全期,确保其顺利运行的基础	○	○	○	
	权益变更系统		模拟各个利益主体执行权益期货交易的平台	在社区模拟工作坊后期,需要进行各个利益主体之间的交易模拟			○	

3.4.1 权益期货工具

权益期货工具是把实施规划会给社区带来的更新面貌(预期)做成可供游戏模拟的要素道具,分为主体意愿工具与指标调整工具两类。通过将各个利益主体的发展诉求以及城市"微空间"内的规划指标等进行简化、具象化,制作成类似纸牌的"游戏道具",在"社区游戏"的前期阶段随机分发给各个利益主体,明确其掌握的规划指标与发展诉求,为之后的方案模拟、运营模拟建立基础。

权益期货工具也是辅助完成规划项目方案,并保证规划指标能够合理分配而形成的工具包,对利益主体具体诉求的形成以及规划指标使用方式等问题都具有帮助作用。

3.4.1.1 主体意愿工具

主体意愿工具将各个利益主体的发展诉求以及自身属性进行不同角度的定位,以纸牌的形式在"社区游戏"当中表现,不同的卡片组合情况代表不同的发展意愿,通过各个不同组合方式的模拟应用,可以梳理出各种可能性的主体意愿。

主体意愿工具分为三类:背景卡(设定参与角色的年龄、性别、职业、家庭等)、诉求卡(有模板型诉求卡,同时也可以根据项目实际情况制作新的诉求卡)、规划卡(代表政府规划,或者代表政府建议的规划目标),参与人员随机从三种卡里面各抽出一张,三张卡组合即可形成一种特定的发展诉求,为之后的方案建设、运营模拟打下基础。

3.4.1.2 指标调整工具

指标调整工具分为两类:一是指标卡,将上位规划给"微空间"分配的总指标进行细化,每个指标都有多张指标卡;二是改造卡,将"微空间"内的改造项目,如立面改建等内容写在不同的卡片上。

上位规划的指标限定了一整块区域的容积率、绿地率、建筑密度等,但是这些指标在地块内部具体如何分配,上位规划并未给出。在"社区游戏"中,将各个指标进行分割,制成指标卡(如容积率卡、绿地率卡、建筑密度卡、建筑限高卡等),对应在主体意愿工具下形成的不同发展诉求,分配不同的规划指标;同时将不同的改造卡也分配到适合的角色手中,明确各个角色的改造规模、改造任务与改造愿景。

3.4.2 权益现货工具

权益现货工具是把拟改项目现有的权益构成情况、有意向参与更新项目的外部权益方掌握的资源和要素情况做成可供游戏模拟的要素道具,分为开发辅助工具与情节推进工具两类。这部分工具是"社区游戏"开始前发放到参与者手里的底牌。

权益现货工具即为管理开发项目、开发资金的工具包，在项目系统方面，可以保证对项目进行科学化管理，推进项目顺利实施；在利益主体方面，使各个利益主体提前看到设计模拟的多角度、多层次收益情况，推动合意达成。

3.4.2.1　开发辅助工具

开发辅助工具将规划设计方案具体建设过程中所需的资金、房产、经营权等资源表现在卡上，做成资源卡，各个角色在"社区游戏"开始前都会拿到特定数量的"资金""房产"等"权益现货"，作为项目开发的辅助资源，为具体如何实施改造增加限定条件，避免难以实施的方案被提出。

3.4.2.2　情节推进工具

在实际的规划项目推进过程中，必然会出现各类"日常事件"或者由于各种不可控因素导致的"意外情况"；在某种程度上，各类事件也可以推进规划建设与运营，因此可以做成事件卡，在"社区游戏"中随机出现，模拟现实方案推进中发生的各种情况，届时在项目实际推进过程中，能对"日常事件"提供所需的物质保障，并能对"意外情况"做出一套应对方案。

此外，开发辅助工具中还有项目卡，指投资方、运营方可能会导入的项目，丰富开发经营种类。

3.4.3　交易模拟工具

交易模拟工具是支持社区权益变更交易模拟的背景型工具，分为模拟规则系统与权益变更系统两类。在"社区游戏"的运行过程中，起到对整个框架的支撑作用。

3.4.3.1　模拟规则系统

为整个"社区游戏"建立游戏规则,需要对现行的整个城乡资源存量改善体系进行模拟,作为"社区游戏"开展的基本规则;而由于多人策略图版游戏的局限性,"社区游戏"必须以"回合制"的形式进行,故各个角色的行动时间、行为方式都应有对应的限定规则,保证整个"社区游戏"有条理地进行。

3.4.3.2　权益变更系统

权益变更系统是"社区游戏"推进到权益变更时起到支撑关键交易的系统,相当于权益期货的交易平台,各个角色在权益变更系统中达成权益期货交易,即代表同意之前流程不断改进下来的规划设计、运营方案,并对之后的环节做好准备,最终实现合意达成。

下编　案例与实践

第四章　城市实践案例研究

4.1　实践项目背景

4.1.1　区域现状

随着国内社会经济发展,科学技术更新,人民生活水平与文化素养提升,旧城改造和街道提升与改造工作逐渐成为城乡规划中一项重要工作。在过去,大面积拆除与重建是旧城改造工作中的常见手段,虽然旧城旧街道硬件条件早已不适应当前生活需求,但是这些旧城旧街道也承载着老住户们多年的记忆,是老一代城市居民生活的核心,所以现今街道更新应当在一种"渐进"模式下进行,需要以设立"工作坊"的形式,通过公众参与的方式,得出改善居住环境、提升社区服务质量、优化产业配置的最佳方案。

研究以杭州市紫阳街道大马弄 60 号为例。紫阳街道大马弄地区,地处杭州市上城区南宋皇城遗址保护区和十五奎巷历史街区内,在杭州市内属于老城区。政府通过历史街区综合保护工程和危旧房改造工程①,修复

---

① 王丹.十五奎巷历史街区综保工程介绍[EB/OL].(2011-03-08). http://www.hzsc.com.cn/content/2011-03/08/content_2904495.htm.

当地历史建筑,并整治当地公共空间和步行空间;同时,部分原住民居住环境也在政府主导下得到改善①。该地区紧邻西湖风景名胜区,也有部分住宅交予企业后被改造成为民宿,成为重要商业业态。

目前大马弄两侧多为低层高密度街区,且街道内沿街商铺与流动摊贩较多,仍有部分居住院落由于条件限制尚未得到更新,如大马弄60号,故大马弄交通状况及其两侧部分居住院落的环境不容乐观,亟待改善。

4.1.2　存在问题

研究通过对杭州市上城区紫阳街道大马弄60号(以下简称60号)调查研究,梳理出目前60号存在以下问题。

4.1.2.1　产权关系复杂

真正困扰住户的首要问题不是空间问题,而是产权问题。由于60号原先属于杭州食品厂,是企业仓储用地,在企业离开后,该建筑无人使用,于是部分居民将其改造为住房,供自己居住。后来在产权移交给杭州市房产局的过程中,由于手续没有办全导致产权证明至今不明确。故住在里面的居民并无实际户籍证明,也无法提供能够证明他们居住使用权的证明材料,由于这些问题,住户在子女就学、申请经济适用房等方面都存在着不少问题。住户个人没有常规途径进行确权,导致其无法享受与居住用地相联系的户籍、教育、公租房等社会公共福利政策。大部分住户均有意愿和能力进行自主更新,却普遍因担心更新的合法性保障而不愿投入大额资金。

4.1.2.2　居住环境仍需改善

60号单元虽处于历史遗迹保护区范围内,但同时也毗邻农贸市场,部

---

① 杭州市人民政府办公厅.杭州市人民政府办公厅关于推进城镇危旧住宅房屋治理改造工作的通知[EB/OL].(2015-12-30).http://www.hangzhou.gov.cn/art/2015/12/30/art_1079869_3662.html.

分店铺甚至就开设在院落沿大马弄一侧,在临近市场带来便利的同时,也滋生了污水、空气污染等卫生问题,对于当地居民的日常生活有着不小负面影响。

此外,从目前住宅空间来看,住宅内部并不能保证良好的通风和光照,大部分公共空间也被后期搭建的厨房和厕所等占据,影响内部通行和消防安全。60号单元住户中有不少老年人,而街区内相对应的福利和医疗设施十分匮乏。最后,居住空间十分紧张,居民最大诉求就是改善或重塑其居住空间。

4.1.2.3 改造方案需考虑各方诉求

从目前60号调研结果来看,沿街为住户所开设的商铺,弄巷内则是居民居住空间,其中一处产权为两户主共有,目前共同使用,而60号改造意愿如图4-1所示,绝大多数住户希望自己目前居住环境能得到改善。

但由于紧张的用地情况,对60号进行的任何空间改造方案势必对各方利益主体的权益产生一定正面或负面影响,故在改善总体生活环境的同时,也需要考虑到多方权益诉求。

综上所述,60号存在的问题是目前旧城更新存在的主要问题,较适合用针对旧城更新问题建立的"微规划""微优化"技术方法体系来解决。

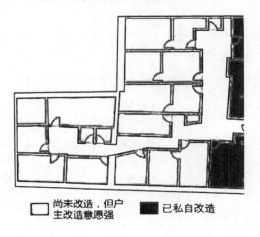

□ 尚未改造,但户主改造意愿强　　■ 已私自改造

图4-1　60号居民改造意愿图

4.2 城市"微更新"合意现状分析

60号的城市更新无法顺利推进的主要原因之一在于各个住户发展诉求之间（如表4-1）以及不同利益主体之间的矛盾，有部分家庭要求过高（要求分配2套住房）；此外，60号内一共有9户住户，而住户的产权问题尚不明确。由于以往政府对产权与发展诉求的处理方式一直没能得到各个住户的认可，导致60号至今无法顺利推进旧城更新工作。

表4-1   60号部分住户现状与期望

住户	年龄	家庭构成	住宅面积	居住年数	改造期望
徐女士	51岁	3人 （夫妻＋儿子）	40平方米	30年（丈夫居住50年）	① 面积需要扩大到48平方米 ② 建筑需要翻新
董先生	76岁	2人 （夫妻）	—	50年 （工厂分配）	① 要求面积为50平方米 ② 墙面、瓦等换掉
王女士	70岁	4人 （自己＋3儿子）	48平方米	40年	① 要求面积为50平方米 ② 墙面、瓦等基本的地方需要重新修过
杜先生	80岁	2人 （夫妻）	32.5平方米	48年（与原住户换房得来）	要2楼、朝阳的房间或者是搬到外面去
江女士	—	3人 （夫妻＋女儿）	15平方米	20年	希望重建，要48平方米
李先生	58岁	3人 （夫妻＋儿子）	44平方米	55年	两个房间需要房产证（小孩读书需要）

4.3　城市"微更新"社区模拟工作坊

4.3.1　社区模拟工作坊产生机制

4.3.1.1　60号旧城更新工作坊的展开

根据60号目前所面临的问题进行梳理,不难看出问题主要集中在合意达成和权益变更上,这些问题若仅由规划师及政府部门讨论商议,则无法得出一个能够同时改善居住环境、高效达成合意和顺利变更权益的方案;在60号开展社区规划,需要采取一个方法使得各个利益主体能够直接参与到规划过程中来,从而推进规划流程,使社区规划顺利进行。

工作坊的开展,对于60号社区规划具有良好的推进效果。故需要优先解决的问题,就是针对60号设计一套工作坊流程。

4.3.1.2　工作坊建立流程

关于60号社区规划工作坊的流程,有6个主要阶段:"导入阶段""调查阶段""方案编制阶段""替代方案编制阶段""试验阶段""确立方案阶段"。

"导入阶段"与"调查阶段"主要是指在工作坊开展的前期对于60号基本情况的调查工作,先根据对现场环境的勘察,以及对当地利益主体的访谈内容,梳理60号的主要发展诉求有交通环境、养老服务、经济收益等,故之后的优化方案主要围绕这三点展开,规划师通过"导入"与"调查"阶段,同各个利益主体直接接触,能够更好地激发其设计灵感。

"方案编制阶段"主要通过前两个阶段所得出的60号基本发展诉求,编制初期的社区优化方案。而由于60号诉求呈多元化,单一方案一般只能将其中一种列为主要考虑方向,难以将三种诉求同时兼顾,故在"方案编制阶段"之后,还需要有个"替代方案编制阶段"。由于方案本身也不可避免地存在一些细节问题,需要及时和当地的各个利益主体进行沟通,最好的沟通方式就是通过相应的工作坊相关技术,模拟方案所设计的场景,对各个利益主体进行"模拟实验"(即"试验阶段"),通过其切身体会,对方案提出切中重点的修改意见,从而进入"确立方案阶段",得出最终的优化方案。

4.3.1.3　工作坊与"双微"关系

在 60 号工作坊建立与开展过程中,运用了"微规划"方法当中的"容积率转移""多元主体参与""职住一体经营单元"等工具,以促进各个利益主体的合意达成;以及"微优化"体系中的"情境生成技术""决策信息平台""工作坊模拟技术"等技术,通过模拟与信息梳理的结果优化社区更新方案,得出最佳的社区规划方案(如图 4-2)。

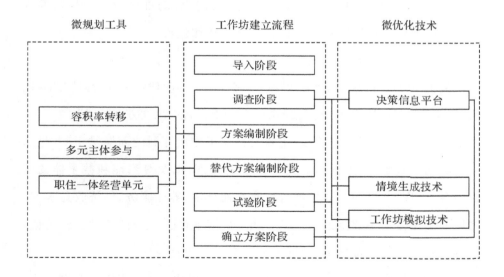

图 4-2　工作坊与"双微"关系图

4.3.2　社区设计模拟工作坊

规划设计团队根据建立工作坊时所获取各个利益主体提出的发展诉求,先拿出基础设计方案,在此基础上进行模拟与进一步优化。

在设计模拟这一环节,主要目的是得出大马弄 60 号初步优化设计方案。先由规划师组织 60 号中的居民、商贩等各个利益主体代表,以及与60 号相关的开发商与政府部门,共同参加 60 号的社区共识培育工作坊,使各个利益主体形成共同的"社区共识",得出可落实到利益主体发展诉求的方案;再由规划师结合权益期货工具下各个利益主体反馈结果,做出改进的 60 号"微规划"初步方案;在此基础上,结合权益现货工具,通过模拟开发、情节推进的方式,组织各个利益主体参加社区设计模拟的"社区游戏",即按照一定规则系统下的方案开发模拟建设。首先通过"诉求卡""背景卡""规划卡"等主体意愿工具构建出完整的具有利益诉求的角色以及明确的发展目标,将各个利益主体代入到权益期货工具下产生的角色与环境当中,再使用指标调整工具使规划指标与改造内容具体化,使用开发辅助工具让各个利益主体明确自身所拥有的资源,并在情节推进工具下模拟体验建设过程中可能发生的事件。

方案开发模拟建设让各个利益主体在上述模拟环境中作出决策或者提出方案建议,再由规划团队对方案进行改善;在不断地循环优化下,最终得出更利于实施的 60 号"微规划"优化设计方案(如图 4-3)。

4.3.3　社区运营模拟工作坊

在得出优化后的 60 号"微规划"设计方案后,规划团队以此为基础推出相应的"微规划"运营方案,与设计模拟工作坊类似,也需组织各个利益

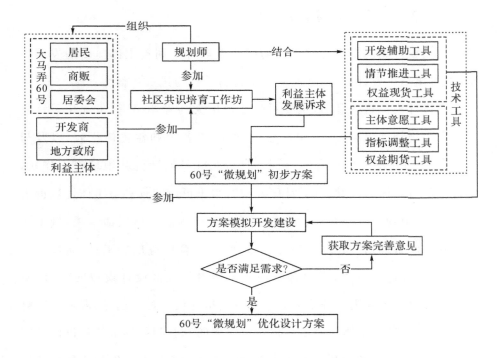

图 4-3   60 号社区设计模拟工作坊流程

主体开展对应的"社区运营模拟工作坊",同样需要将各个利益主体聚集在一起进行另一种"社区游戏",通过开发辅助工具明确各个游戏中"角色"所持有的各项资源,通过情节推进工具模拟项目实际运营中可能出现的情况。

通过进行运营模拟下的"社区游戏",能更准确地看到 60 号各个利益主体在环境改善、养老需求、收入增加等方面的"社区痛点",根据这些痛点信息,可以更好地优化设计方案与运营方案,使其得到进一步完善(如图 4-4)。

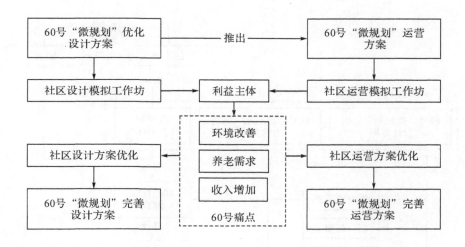

图 4-4　60 号社区运营模拟工作坊流程

4.3.4　社区交易模拟工作坊

在 60 号的设计方案与运营方案都已完善的情况下,各个利益主体的合意阶段从"赞同"进入到"想做"阶段,在设计方案与运营方案的完善过程中,势必会产生新的发展诉求、指标要求、生活需求,并不是所有问题都能在完善的过程中解决,关乎权益的问题,还是需要对权益交易进行模拟,才能得到解决方案。在社区交易模拟工作坊中,需要招募专业的社区主持人,由他组织规划师与各个利益主体,参与到 60 号交易模拟下的"社区游戏"当中,通过权益变更系统进行交易模拟,模拟在未来真实权益交易中可能会出现的问题,并提前做好解决方案,促成利益主体的合意达成与权益转移(如图 4-5)。

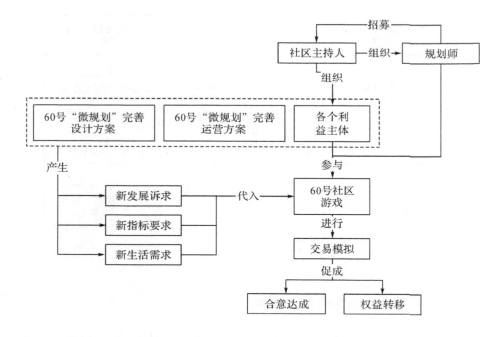

图 4-5   60 号社区交易模拟工作坊流程

4.4   三类规划方案

本研究旨在以工作坊的形式结合当地居民生活、生产需求与当地环境实际情况,提出三种街道渐进更新方案,以改善街道环境。

4.4.1   市场调整方案

大马弄作为一条自发形成的市场街巷,吸引了大量周边居民的日常生活消费,并且具备一定的市场业态多样性,呈现出迷人的生活气息;而市场对周边人居环境的负面影响也导致毗邻的居住环境质量低下,这种由于多样性而呈现出的矛盾在 60 号表现尤为明显。

此方案的"微规划"核心工具为容积率转移,以此为基础先设计出方案的基本运作方式:通过政府资金援助推动 60 号更新方案,同时调整 60 号商铺集市结构,使其更加利于居民居住并且能带来更多经济效益和环境效益,大马弄社区居民委员会则负责协调商铺与居民等多个利益主体之间的权益关系(如图 4-6)。

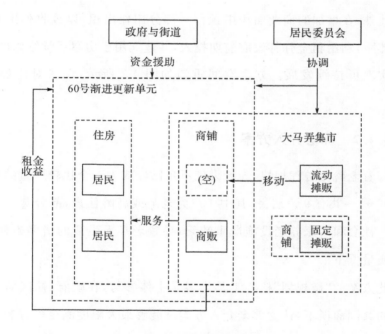

图 4-6　市场调整方案运作模式

方案大致内容:最大限度保存了 60 号现状,主要调整一楼格局,二楼除小幅度拓宽公共空间外,基本无调整。一楼为沿街商铺、其余为居住空间的总体结构不变,对 60 号居民生活影响做到最小化,同时新增商铺吸纳流动摊贩,使得街道通行更加顺畅;目前 60 号居民中有不少老年人,但没有养老空间,其养老问题还未得到很好的解决。

通过"微优化"技术使方案以社区模拟的方式给多方利益主体以体验，根据收集到的反馈结果，对方案进行细化深入：从"街巷—院落"两个层面对 60 号单元人居环境进行整体提升。在街巷层面，通过市场组织协调，将南侧需要室内外结合售卖的蔬菜水果店与北侧仅需室内售卖的肉制品和家禽店进行空间置换，结合街巷空间重新规划店铺。在院落层面，基于居民改造意愿，从居住面积、基础设施、日照条件三方面进行人居环境提升设计。此外，在增加的商业面积中预留一部分用作出租，以吸收外围集市的流动摊贩，利用租金弥补政府前期投入，并建立用于房屋后续维修的基金，从而实现可持续发展。方案空间重塑如图 4-7 所示，现状对比如图 4-8 所示。

4.4.2　养老介入方案

随着老龄化进程加快，养老设施不足已经成为一个比较严重的社会问题。60 号一共有 9 户居民，其中 4 户为老龄或高龄住户，部分甚至为独居老人。社会和居家养老设施严重缺乏，导致老年人生活的诸多不便，晚年生活质量低下。

此方案的"微规划"核心工具为多元主体参与，在政府、社区居民和开发商的共同商谈下，认为养老介入方案是能够最大限度满足多方利益诉求的方案。方案通过政府与街道为居民委员会与养老机构提供资金来支持运作，养老设施位于 60 号内，居民楼内老年群众可以享受其服务。同时，养老设施也对 60 号以外的居民开放，从而获取一定盈利，与扶持资金共同维护养老设施（如图 4-9）。

方案通过空间重塑在 60 号内部新增了养老设施和养老空间，使 60 号与周边居民的养老问题在一定程度上得以解决，也增加了 60 号居民的收

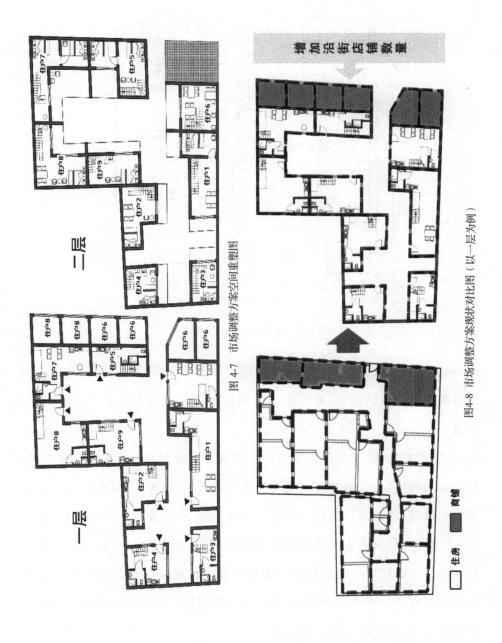

图 4-7　市场调整方案空间重塑图

图4-8　市场调整方案现状对比图（以一层为例）

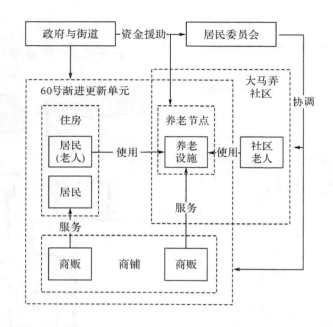

图 4-9   养老介入方案运作模式

入;而由于重塑后的公共空间基本都用于养老,因此丧失了对 60 号附近沿街流动摊贩的吸纳能力,致使到高峰期沿街仍会出现大量流动摊贩,影响交通。

通过"微优化"技术使方案以社区模拟方式给多方利益主体以体验,根据收集到的体验反馈,对方案进行细化与深入:提出在 60 号内植入一个养老福祉设施,较盈利设施植入更能为相关利益主体接受。另一方面,此方案在提升 60 号内老人日常生活品质的同时,又能够为周边老人提供服务进而成为老龄化社区养老场所。房屋产权属性的复杂性是本方案需要处理的核心难点。此外,各种利益相关者的组织形式,改造建设资金的投入、管理和监督,都是需要回应的问题。

60号居民的普遍居住需求亦是此方案重点考虑的问题,方案在确保一定公共面积基础上,每户居民统一增加15平方米居住面积,内部增设厨房、卫生间以及内部楼梯;同时利用保留的公共面积部分,设置小型养老服务设施。养老设施一层为公共厨房及服务中心,以及60号居民可以使用的一层交流空间;二层设计为两个老年住房及公共无障碍卫生间。最后,公共庭院空间的设置确保了内部居民交流及每日日照时长。方案空间重塑如图4-10所示,现状对比如图4-11所示。

4.4.3　民宿植入方案

在和60号居民的面对面交流过程中,几乎所有居民都表示对现状生活并不满意。基础设施不齐全、房屋维修资金缺乏、邻里关系紧张,种种问题表面指向院落的衰败,本质是社会弱势群体的产生。因此,需要为60号注入新的发展活力。

大马弄地处南宋大皇城遗址范围内,紧邻南宋御街、吴山等重要旅游景点,存在大量潜在旅游人群。随着都市文化旅游兴起以及民宿逐渐受到年轻旅游者认可,通过在60号植入民宿功能实现旅游收入的方案具有可实现性。民宿收入可以作为院落发展基础资金,满足房屋维修、居民生活改善、政府投入回报等需求。

此方案的"微规划"核心工具为职住一体经营单元,提倡在60号居住功能的基础上,增加民宿功能,通过民宿产业的建立给60号居民带来一定的经济收益。方案是由政府、投资方、居委会、居民、商贩和游客构成一个完整的关系链,最终达到可持续渐进式自给自足的发展平衡点,实现历史社区新发展。

其中,5年短期目标为:由政府、投资方和居民共同组成组织委员会,

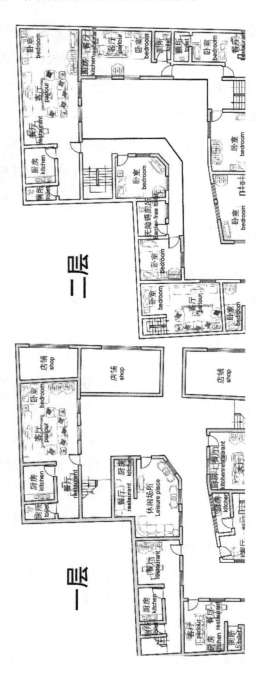

图4-10 养老介入方案空间重塑图

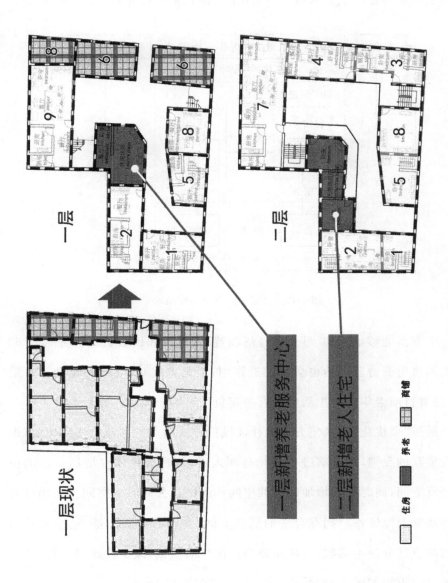

图4-11 养老介入方案现状对比图

对民宿相关规则事项进行管理,然后由居民提供食宿等服务,获得收益由组织委员会分配给居民和投资方,用来支撑日常维修等费用(如图 4-12)。

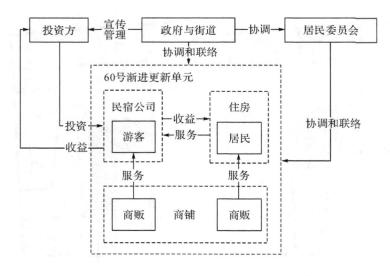

图 4-12   民宿植入方案运作模式

本方案能够给予 60 号最大经济收益,投资方和民宿公司的介入对 60 号的周边游商游贩整治也会有推进作用;但此方案对 60 号的改动程度最大,且对目前老年人的生活质量有一定负面影响。

通过"微优化"技术使方案以社区模拟方式给多方利益主体以体验,根据收集到的反馈,对方案进行细化与深入:为每户居民住户增加灵活的民宿经营空间,同时利用增加的公共空间作为民宿公共服务空间。在相对公平的基础上保证每户拥有合适的居住空间、完善的设施配备、充足的日照时间甚至部分的生活收入,从而提高居民生活质量,减少彼此间矛盾冲突。方案空间重塑如图 4-13 所示,现状对比如图 4-14 所示。

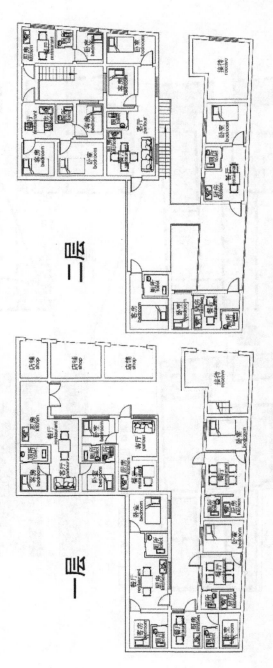

图4-13 民宿植入方案空间重塑图

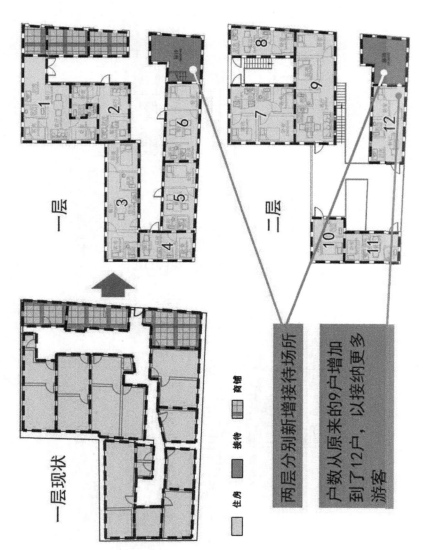

图4-14 民宿植入方案现状对比图

4.5　城市实践案例结论

4.5.1　实证案例小结

在实证过程中,实际的操作流程如图 4-15 所示。

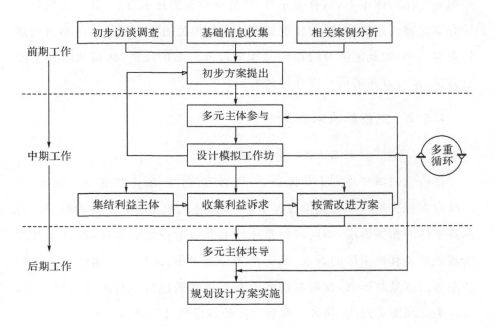

图 4-15　实证过程中的操作流程

在城市与村庄的实践过程中,基本都是分前、中、后三个主要阶段来进行围绕设计模拟工作坊的社区改进与村域规划工作。与传统的规划方法相比,基于设计模拟的工作坊体系实际的工作重心还是在对于"多元主体"的信息收集、反馈等方面;此外,传统规划的工作流程主要是线性过程,基于设计模拟工作坊的规划工作重点则在多重循环、多元参与的内容,当然也有能得到更高可行性反馈内容的模拟技术。

通过实时的循环体系能够及时发现在方案设计环节中较难发现的问题。采用传统的规划工具方法,在规划审批与实施的过程中,总会产生一些问题,如邻避问题等。这些在生活、生产进度中才会发生的新型问题,在传统的规划设计系统,即政府一元主导的体系中很难发现;而在基于设计模拟的工作坊体系下,结合多元参与、公众参与的技术方法,能够在规划设计方案完善的过程中,提前让规划设计项目相关的各个利益主体参与到规划方案当中,如此能够及时得到对规划设计方案的反馈,从而及时按需改进方案,使得方案的可实施性得到加强。

4.5.2　主要解决问题

4.5.2.1　不同利益主体诉求得以结合

在传统的城乡规划工具体系下,规划的过程一般由政府一元主导,并由政府掌握决策权。在决策过程中,决策团体的视角也就主要倾向于政府利益主体的相关诉求,即区域的整体发展和政府业绩的体现,而对于其他的规划相关利益主体的诉求,则无法充分地考虑;故想要切实结合各个利益主体的意见与诉求,就需要将各个利益主体通过线下技术集结到一起,通过头脑风暴等形式,将各个利益主体的诉求结合起来。

在本研究的实证环节中,采取了多元主体代表大会、工作坊设计模拟等技术方法,将规划相关的利益主体(政府、开发商、居民、规划师等)聚集到线下,进行意见咨询、多方妥协,使得综合下来的利益诉求更能为大多数人所接受,为后续的工作打下基础。

4.5.2.2　规划设计方案可实施性增强

在以往的规划设计方案实施过程中,由于资金问题、公众不理解甚至不支持等原因,规划实施往往存在着一定阻力,究其原因主要还是规划过程中公众参与程度不高,政府之外的利益主体对于规划的细节并不是很清楚,以至于规划设计方案出台之后才发现方案和某些利益主体的发展诉求相冲突。

在本研究的实证环节中,规划从初始方案开始就汇集各个利益主体(或其主要代表)到设计模拟工作坊中,从方案改进到完善,各个利益主体都参与其中,最终得出的方案也是综合各个利益主体发展诉求的方案。由于照顾到了各自的利益诉求,各个利益主体也都会在其实施过程中贡献自己的人力、物力或者财力,从而在一定程度上增强了规划设计方案的可实施性。

4.5.2.3 规划设计方案更能符合诉求

单凭规划设计图纸的表现方式,各个利益主体能从方案中获取的信息其实较为有限,在初步方案的获取改善意见阶段,通过设计模拟的体验技术方法和丰富的方案表现形式,能够获取更多关于方案细节的改进意见,通过这种方式获得的反馈意见在后面的方案改进工作中更容易实施,使最终的落地方案更能符合各个利益主体的发展诉求。

4.5.3 仍然存在问题

4.5.3.1 多元参与的线下活动效果欠佳

多元主体相互的讨论形式主要分为线上与线下两种,各有其优劣势。

线上的互动通过互联网技术来实现。网络上公布的信息可获取性较强,并且有信息系统做支撑,可获取信息的条理性很强,各个利益主体能方便地获取自己想要的信息;但在信息的输出方面,虽然互联网技术有各种多方联动方式,但由于网络质量、硬件设施、人员参与度等多种主客观条件限制,在线上进行诉求表达、意见建议等环节,其效果还是不尽如人意。

而线下交流的优势在于各个利益主体能够直接面对面进行交流,线下的互动会使各个利益主体的参与度上升,从而更能表达出自身想法,也能得到其他利益主体的实时反馈;但线下的信息表达方式多样且未经分类整理,不利于各个利益主体迅速地找到自己想要的信息,需要自己进行一定的整理工作。

故线上技术与线下技术的结合,综合二者的优势,是多元参与技术方法的关键点。而在实证过程当中,不难发现线下交流的多元主体参与效果欠佳,参与年龄层、职业广度不足,基本都是较高年龄层的人员参与到了线下活动当中,而相对年轻的群体,或因为觉得工作坊花费时间过长,或因为当前居住地距离较远,没有选择来参与线下活动,使得当前线下交流的信息诉求缺乏完整性,最终导致线下活动效果欠佳。

关于线下活动效果问题,可以采取线下活动结合线上技术的形式。线下有各个利益主体的代表,其他由于客观原因无法到场的相关人员可通过线上技术将诉求与意见反馈给其代表,由各个代表进行线下的实时沟通,进一步提升线下活动的效果。

4.5.3.2 公众参与的方法模式有待改进

在项目城市实证研究的后期,大马弄60号的社区主任提出:之前历次更新的结果都以失败告终,中间有资金的原因,但更重要的是人的因素,得到居民的理解和支持是成功的基础,更是实现居民自治理想的起点。这就需要全面、缜密的谋划,并不断加以推进,让居民能够预见即将发生的改变,并不断见证改变的过程。

在城市实证的过程中,公众参与的效果不尽如人意,除了之前所提及的线下活动效果欠佳的因素之外,在整个方法模式上也存在一些问题,如公众参与活动时间过长,方式方法较为中规中矩,缺乏一定的吸引力,这也是很多年轻团体等其他利益主体相关人员不愿来加入公众参与活动的主要原因。故也需提升公众参与的相关技术与流程,缩短所需要的时间,并提升其趣味性,以吸引更多相关人员参与到公众参与当中。

4.5.3.3　缺乏对应的设计方案评估体系

本研究提出的 TPB 理论与城乡规划决策的工作坊运营绩效评估模型、社区设计模拟工作坊的决策信息平台构建技术,可应用于社区的自我运营、自我管理工作中,帮助社区提高自身的组织能力。

就目前的实践成果来看,通过本研究的方法体系得出一个十分完善的规划设计方案,还需要进行多次循环。虽然能人为地使推进速度加快,但是社区问题的多样性与多变性会立即提升下一轮开展多元主体参与的必要性,且参与方案讨论的各个利益主体,基本上也是从当下生活条件和生产需求来提出实时意见,仅仅通过利益主体的反馈改善方案,很可能导致每一轮的多元主体参与都会立即产生新的需求;总体来说,缺乏一定的长远性,导致了其多重循环,从严格意义上来说,最终还是会将规划设计与其实施的时间线拉得很长。

因此,在此基础上,仍需要结合各个相关专业的知识,提出更有针对性的设计方案评估系统,对规划设计方案的具体内容进行评分,同时评测、预测未来走势,在此基础上提出兼具时下意义与长远意义的评估意见。模拟运营、规划实施的监管体系,若能配以合理的规划设计方案评估体系,则能同时提高两套系统的运行效率,也可减少方案实施后问题出现的频次,使设计模拟工作坊的循环周期相对延长,从而节省人力、物力。

第五章　乡村实践案例研究

5.1　实践项目背景

下山头村位于乐清市大荆镇,西邻大荆镇中心城区,北、东、西均被硐岭头、岩山头、炮台山和白岗岭等山环抱,是一处山明水秀的世外桃源。村域面积约 1.5 平方公里,全村人口共计 629 户,1908 人,全村拥有耕地2510 亩,林地 1550 亩,存在一定的空心化现象。因村落距离雁荡山风景区较近,也具有一定的旅游资源和景观特色,这为村庄的转型发展和建设提升提供了极好的外部支撑,是最大的发展借力点。

浙江省在"十二五"期间制定了《浙江省美丽乡村建设行动计划》,全省各地响应号召积极开展美丽乡村建设。下山头村在《大荆镇总体规划》中被纳入城市型社区——东门社区,规划产业依托于商业、服务业。

5.2　乡村"微更新"权益现状分析

在乡村实践案例中,其权益情况与城市实践具有诸多不同之处,在城市空间中,土地归属国家所有;而在乡村空间中,土地归集体所有。故在乡村实践中各个利益主体的权益较为集中化,权益结构较之城市较为简单,故乡村"微更新"工作能够使各个利益主体的合意达成更加顺畅,使规划设计方案的实施更加顺利。

5.3　乡村"微更新"工作坊参与流程

5.3.1　下山头村的多元主体

下山头村的多元主体包括乐清市政府、下山头村集体(包括普通村民、下山头村村委会和乐清市大荆镇下山头村经济合作社)、下山头村庄规划委员会(NPO)、下山头村村内企业和规划师。村庄规划委员会由乐清市政府、下山头村村内企业、经济合作社人员组织而成。乐清市政府规划主管部门和下山头村村委会共同委托规划师编制修建性详细规划,村庄规划委员会负责监督和协调美丽乡村建设工作(如图5-1)。

5.3.2　多元主体的参与

下山头村的多元主体采用了多元主体参与的参与模式,通过现场踏勘、村民入户访谈、村民咨询会、专题会议、骨干会议、村民代表大会和规划公示等参与形式,充分尊重各方的意见和建议,在方案设计阶段经过多次滚动循环的讨论,最终达成规划合意。规划方案公示后,村民对公示方案无异议。方案实施阶段,下山头村集体为主导方,其他主体是协助方。

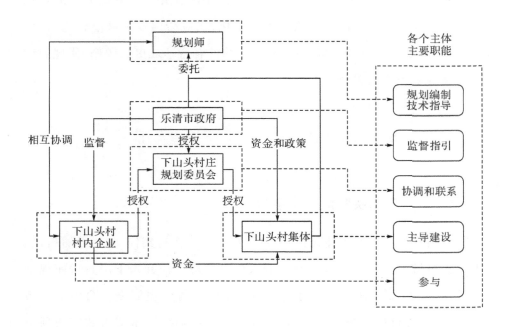

图 5-1　下山头村的多元主体关系

5.3.3　多元主体参与流程

传统村庄规划是单线性的流程（如图 5-2），而多元主体参与的村庄规划过程，是一种多种参与方式滚动循环、多方协商的过程（如图 5-3）。主体在参与中表达利益诉求，寻求平衡支点。

参与阶段和参与方式主要有以下几种。

1. 技术参与阶段：为了收集规划编制所需的相关基本信息而展开的多元主体参与阶段。

（1）现场踏勘。村委会协助规划师现场踏勘，了解村庄的基本情况。

（2）入户访谈和问卷。这是规划编制前收集村民意见的主要方式，规

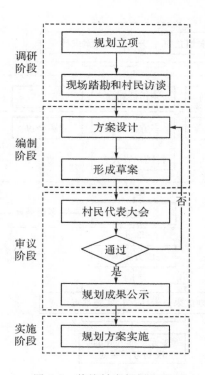

图 5-2　传统村庄规划流程

划师设计访谈问题和问卷,村委会辅助规划师逐户征询村民意见。

（3）骨干会议。村庄规划委员会召集村内的骨干成员开展非正式讨论会,交换意见,达成规划共识。骨干根据每个村的实际情况和会议规模确定。

2.利益分配阶段:为了实现多元主体之间利益能够均衡分配所展开的参与阶段。

（1）村民咨询会。以村民为主体的非正式会议,其他参与方以旁听为主。村庄规划委员会组织会议,规划师主持和介绍规划方案,部分村民参加,和规划师交换意见。会议讨论的形式应多样化。村民咨询会的规模应

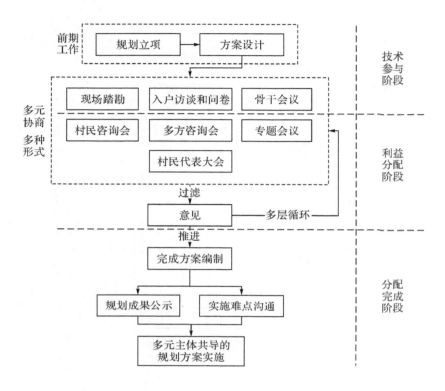

图 5-3　多元主体参与的村庄规划流程

适度。

（2）多方咨询会。由村庄规划委员会组织，参与人员包括地方政府人员、部分村民代表、村庄自治组织人员、开发公司代表和规划师在内的非正式会议。会议内容与村民咨询会类似。

（3）专题会议。针对重要项目或者重大决策召开专题会议，希望在会议中达成一致意见。地方政府人员、与专题有密切关系的村民、开发公司代表和规划师参加。

以上三种参与方式根据方案设计的情况滚动发生，可进行多次。

（4）村民代表大会。制度化程度较高的正式会议。村委会组织，规划

师、村民代表和开发公司代表与会。规划师介绍规划草案,村民代表充分
讨论后汇总修改意见,集体表决,形成会议纪要。若方案无法在村民代表
大会通过,则草案继续讨论和深化。

3. 分配完成阶段:

(1)规划成果多样化公示和反馈。村民代表大会后,根据大会意见修
改后的规划成果应多样化公示,并配以相应的反馈形式。公示方式有公示
板展示、多媒体技术演示、模型展示、方案展示会等。

(2)针对难点的沟通。对少数反对态度较为激烈的村民个人和团体,
采取点对点沟通的形式。村庄规划委员会和规划师与之充分交流,消除误
区,协调矛盾,获取他们对方案的认可。

(3)规划方案实施。根据村庄的自身实力和其他主体的能力,选取合
适的多元主体参与模式,落实规划方案。

在多元主体参与过程中,参与成员提出的意见类型多、数量大,不同主
体之间的意见甚至存在相左的情况。为了提高规划效率,势必要对不同意
见进行过滤,采纳重要的、合理的意见,过滤掉一些次要的和不合理的意见。

不同的多元主体参与模式侧重的参与阶段存在差异(见表5-1)。地方
政府主导和村庄自治组织主导的模式利益分配敏感度比较小,侧重在技术
参与阶段,重点是了解村庄的基本状况和村民的需求。开发公司主导的模
式,由于外来利益主体与村民之间在利益空间上存在较为明显的竞争,较
易产生利益分配上的矛盾,故利益分配阶段的参与显得尤为重要。

表 5-1 多元主体参与模式的参与侧重^①[①]

多元主体 参与模式	地方政府 主导（模式 A）	村庄自治组织 主导（模式 B）	开发公司 主导（模式 C）
侧重的参与阶段	技术参与阶段	技术参与阶段	利益分配阶段
侧重的参与方式	入户访谈和问卷 村民咨询会 村民代表大会	入户访谈和问卷 骨干会议 村民代表大会	多方咨询会 专题会议 村民代表大会

注：详见 5.4 小节中图 5-4 至图 5-6。

5.4 "微更新"工作坊下乡村有机更新方案

美丽乡村有机更新方案包含规划实施主体、更新内容、资金来源、权益关系的变更、适用范围等方面的内容（见表 5-2）。本研究依据常见的村庄发展方向，探讨三种主要的美丽乡村更新模式：

（1）改造更新模式。以改善村庄生活环境和居住条件为目标的美丽乡村，改造更新类型。村庄建设内容包括市政基础设施建设、公共基础设施建设、环境改造、房屋庭院修缮和新房建设。

（2）旅游开发更新模式。在改造更新模式的基础上嵌入旅游开发改造的村庄更新类型。改造内容包括旅游景点建设、旅游接待设施建设、旅游适宜性村庄环境改造、古建保护和修葺等。

（3）商贸建设更新模式。在改造更新模式的基础上嵌入商贸功能或者农产品加工业的村庄更新类型。建设内容包括基础设施建设、房屋更新、商贸设施建设、商业引进、农产品加工场地建设和加工后经营等。

---

① 潜莎娅，黄杉，华晨.基于多元主体参与的美丽乡村更新模式研究——以浙江省乐清市下山头村为例[J].城市规划，2016（4）：85-92.

表 5-2 美丽乡村有机更新模式①

多元主体参与模式	地方政府主导（模式 A）		村庄自治组织主导（模式 B）		开发公司主导（模式 C）	
村庄更新模式	改造更新模式	商贸建设更新模式	改造更新模式	商贸建设更新模式	改造更新模式	商贸建设更新模式
	旅游性环境改造、旅游项目开发建设、古建保护和修葺	基础设施建设、商贸设施建设、农产品加工场地建设	旅游性环境改造、旅游项目开发建设、古建保护和修葺	基础设施建设、商贸设施建设、农产品加工场地建设	旅游性环境改造、旅游项目开发建设、古建保护和修葺	基础设施建设、商贸设施建设、农产品加工场地建设
更新内容	基础设施建设、环境改造、房屋改造、庭院修葺、新房建设	基础设施建设、商贸设施建设、农产品加工场地建设	基础设施建设、环境改造、房屋改造、庭院修葺、新房建设	基础设施建设、商贸设施建设、农产品加工场地建设	基础设施建设、环境改造、房屋改造、庭院修葺、新房建设	基础设施建设、商贸设施建设、农产品加工场地建设
实施主体	地方政府或地方政府融资平台公司		村庄自治组织法人或其注册公司		开发公司	
资金来源	地方政府出资通常约占八成，村集体、村民个人和开发公司出资约占二成		村庄自治组织筹集资金占到七成，地方政府、村民个人和开发公司补充其余部分		开发公司投资九成左右，村集体和个人补充其余部分	
权益关系的变更	农村土地产权确权；宅基地和承包地土地使用权，村集体土地使用权将开发给主导方		农村土地产权确权；宅基地和承包地使用权移给村集体；村留和承包地使用权授权给主导方		村留地转为集体建设用地；村留地和承包地的抵押、出租、流转个人补偿承包地转为集体建设用地转；村集体之间流转和入股	
适用范围	原址更新和局部异址更新的村庄	大规模旅游开发部的村庄	实力强的原址更新村庄	有商贸潜力但经济实力较弱的村庄	整村搬迁和大规模异址更新的村庄	有商贸潜力但实力较弱的村庄

① 潘莎媛，黄杉，华晨. 基于多元主体参与的美丽乡村乡村更新模式研究——以浙江省乐清市下山头村为例[J]. 城市规划，2016(4):85-92.

5.4.1 地方政府主导(模式 A)的村庄更新

(1)改造更新模式。地方政府或者地方政府融资平台公司承担大部分的村庄改造更新工作,开发公司可参与其中的项目投标和建设,村民进行房屋和庭院改造,地方政府补贴改造费用。这种更新模式不涉及更新后的产业经营,多由地方政府出资建设。

(2)旅游开发更新模式。地方政府融资平台公司负责开发建设,村民可以集体或单人的形式入股公司,参与旅游开发和就业,规划师提供技术支持。

(3)商贸建设更新模式。地方政府融资平台公司负责建设和主要运营,开发情况与旅游开发更新模式类似。

地方政府主导的村庄更新,政府的资金投入一般占总投入的八成左右,村集体、村民个人和开发公司出资约占二成。其多元主体关系如图 5-4。

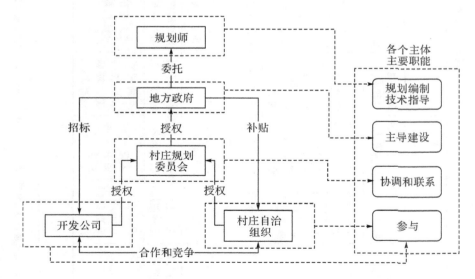

图 5-4 地方政府主导的多元主体关系

5.4.2 村庄自治组织主导(模式 B)的村庄更新

(1)改造更新模式。村庄自治组织领导村民进行村庄建设和翻新工作。地方政府提供资金补助,开发公司参与其中某些建设项目。

(2)旅游开发更新模式。村庄自治组织注册成立公司,筹集资金,自主进行旅游开发,村民参与开发和经营。地方政府提供激励基金和优惠政策,开发公司可与村庄自治组织合作开发旅游项目。

(3)商贸建设更新模式开发情况与旅游开发更新模式类似。

村庄自治组织主导的村庄更新,其资金投入占七到八成,地方政府和村民、开发公司等补充其余部分。其多元关系如图 5-5。

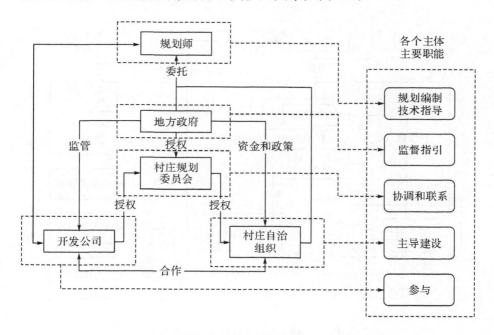

图 5-5 村庄自治组织主导的多元主体关系

5.4.3　开发公司主导(模式 C)的村庄更新

(1)改造更新模式。适用于整村搬迁和大规模异址重建的村庄。地方政府招标,开发公司改造原来房屋和统一建设新居民点。原宅基地收回,新房以村民购买加政府补助的形式安排给村民。

(2)旅游开发更新模式。外来企业进驻,负责村庄的旅游开发和整体运营。地方政府制定政策,监管开发行为;村民可入股公司和参与就业。

(3)商贸建设更新模式开发情况与旅游开发更新模式类似。

开发公司主导的村庄更新,其对村庄建设的资金投入通常可以占到九成,村集体和个人出资其余部分。其多元主体关系如图 5-6。

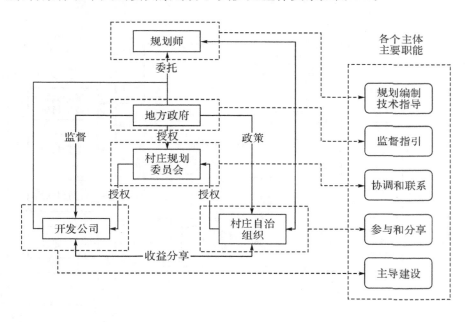

图 5-6　开发公司主导的多元主体关系

5.5　"微更新"工作坊下乡村权益关系变更

权益关系变更是打破固有分配形态、形成新的利益分配关系的关键步骤。农村土地确权工作目前在全国范围内展开。村庄开发建设的权益变更过程中，土地所有权、使用权、承包经营权、抵押权、租赁权是最为重要的几个土地产权。权益关系的变更涉及权益所有对象的变更以及土地性质的变更。由于国有土地在村庄用地中所占比例小，故本研究不考虑村庄土地国有化的情况。

（1）村民与村集体之间权益关系的变更（如图 5-7）。村民个人享有宅基地和承包地的使用权，使用权从村民手中转移到村集体手中的过程，伴随着土地价值的提升。村集体获得宅基地和承包地使用权的同时与失去使用权的村民分享土地性质转变过程中产生的剩余价值。承包地依法按照土地利用总体规划转换为集体建设用地。

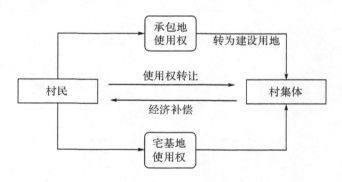

图 5-7　村民与村集体之间权益关系的变更

（2）村集体与其他集体或个人之间权益关系的变更（如图 5-8）。不同村集体之间可进行集体土地使用权的流转。村集体也可将集体土地的承

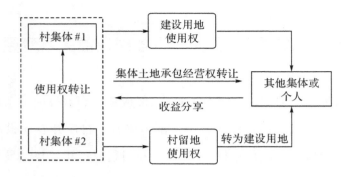

图 5-8　村集体与其他集体或个人之间权益关系的变更

包经营权根据更新模式中主导方的不同,授权给相应的集体或者个人,并同经营主体分享开发经营收益。村留地可依法按照土地利用总体规划转换为集体建设用地。

（3）村民与其他集体或个人之间权益关系的变更（如图 5-9）。村民可将宅基地使用权抵押、承包地使用权出租或流转给其他集体或个人,以此获取贷款或者补偿。

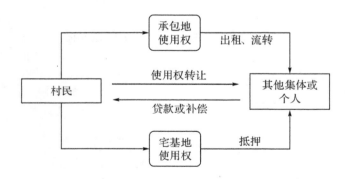

图 5-9　村民与其他集体或个人之间权益关系的变更

5.6 "微更新"工作坊下乡村有机更新结果

5.6.1 复合型改造模式

下山头村村庄更新建设内容包含了居民点更新建设、旅游开发建设和商贸设施建设三个方面，是一个复合型的改造模式（见表 5-3）。

表 5-3 下山头村的更新建设模式[①]

主导方和协助方		更新内容			资金来源	权益关系的变更
主导方	协助方	居民点更新建设	旅游开发建设	商贸设施建设		
下山头村集体	乐清市政府、大荆镇政府、规划师、下山头村庄规划委员会、村内企业	基础设施建设；公共服务设施建设；村庄风貌整治和建筑外观整治；原居民点部分拆除；新居民点建设；公园绿地建设	百树林、百果园、百药街等旅游景点建设；山地自行车、山林垂钓等旅游项目打造；美食街、养生 SPA 等旅游接待设施建设；园林主题酒店等旅游物业开发	商贸市场建设；商业设施建设	下山头村经济合作社集资为主，占八成左右；上级政府补助和村内企业投资为辅，占二成左右	下山头村土地产权确权；宅基地和承包地使用权转移给下山头村集体；村留地和承包地转为集体建设用地；村集体将土地使用权授权给下山头村经济合作社进行开发

---

① 潜莎娅，黄杉，华晨.基于多元主体参与的美丽乡村更新模式研究——以浙江省乐清市下山头村为例[J].城市规划,2016(4):85-92.

5.6.2　多元主体参与

下山头村采用村庄自治组织主导的开发模式：下山头村集体主导美丽乡村建设；村民可以资本或物业入股的形式参与合作社营利分红，或按照统一标准，改造自家住宅、庭院，接受就业培训，从事商贸和旅游接待工作；乐清市政府制定相关政策，与大荆镇一起提供资金支持；下山头村的村内企业协助建设；下山头村庄规划委员会在实际建设过程中协调矛盾，监督建设行为；规划师指导开发建设，答疑解惑。

5.6.3　资金来源

建设的资金来自上级政府补助、村经济合作社筹集和村内企业投资。村经济合作社筹集的部分占 80% 左右，乐清市政府和大荆镇政府对村民搬迁和房屋庭院改造给予相应补贴，村内企业投资一部分给村庄建设。

5.6.4　权益关系的变更

对下山头村土地和房屋进行确权；根据规划方案依法将村留地和承包地转换为村庄建设用地，参考市场价以合适的土地价格补偿被征地的村民。建设用地的所有权和使用权归村集体所有，村集体将经营权委托给村经济合作社。村集体也可出租部分给承包方（开发公司或者村民个人）开发，收取租金或者参与分红。

对于拆除的老居民点，政府补助村民搬迁，村民出资一部分购买新宅。对回收的宅基地进行整理，经营权委托给村经济合作社。整理后的土地用于旅游开发，村民通过入股旅游经营项目和参与就业的方式分享土地开发带来的经济收益。下山头村的权益关系变更如图 5-10。

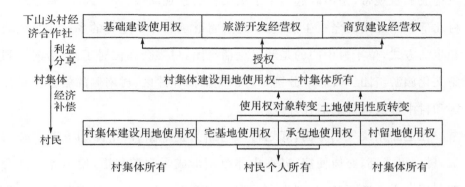

图 5-10　下山头村的权益关系变更

5.7　乡村规划实践案例结论

经过骨干会议、村民咨询会、专题会议、村民代表大会等多轮多元协商，尝试不同主体参与模式下的各种更新方案后，确立了以下山头村经济合作社为主导，乐清市政府、大荆镇政府、规划师、村民、村内企业作为协助方的总体更新建设模式。以此为基础，规划设计团队最终完成了下山头乡村规划文本。

规划重点内容分为功能结构、道路系统规划与公共服务设施规划三个部分。在宏观层面，规划下山头村形成"一心、双轴、两带、三组团、四片"的功能结构（如图 5-11）。

其中，"一心"指以村委会为核心，包括老年活动中心及幼儿园在内的村中心。"双轴"是指以村委会前的下山头村形象大道为基础的南北向主轴和以王宅垟路为基础的东西向发展次轴。"两带"是指由原两道自然水系构成的景观带,是串联起整个下山头村的景观动线。"三组团"是指位于村北部和东北角的老村生活组团,这里将继承和保留原有的乡村建筑风貌和生活方式,位于村中心的是新村生活组团,村委会亦位居于此,沿河的则是文化旅游组团。"四片"分别是村西侧的商业片区、村南侧的旅游文化片区和村中部及西部的居住片区。

在道路系统规划方面,规划村域道路为主干路、次干路和支路三个层次,村内可成环,交通便捷;另在山体范围形成景观游步道,使山体得到合理利用。主干道两条,分别为南北向和东西向,其中南北向道路和总体规划进行衔接,宽 30 米,东西向主干道为原王宅垟路拓宽,满足双向四车道通车;次干道满足单向通车需要,宽度在 5~9 米;支路宽度为 4 米,满足消防需求(如图 5-12)。

在对外交通层面,在原王宅垟路的基础上进行拓宽,与总体规划路网进行衔接;大荆镇总体规划中的交通环线(30 米)自西北向东南穿过村域,并与环村道路和王宅垟路平交,形成一条新的对外交通通道,可便捷到达镇区以及仙溪与温岭。

在公共服务设施规划方面,规划设置有生活服务型(村委会、卫生所、幼儿园、老年活动中心、超市、邮政及银行网点等服务设施内容)与旅游服务型(游客换乘中心、景区服务中心、博物馆、酒店、美食街、商业街、度假屋等服务设施内容)两类(如图 5-13)。

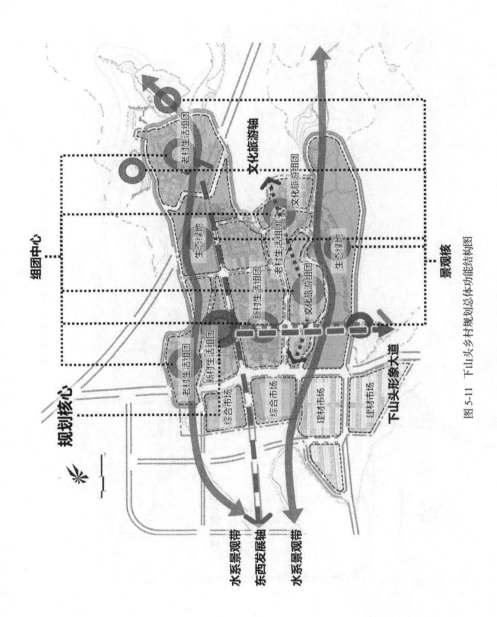

图 5-11　下山头乡村规划总体功能结构图

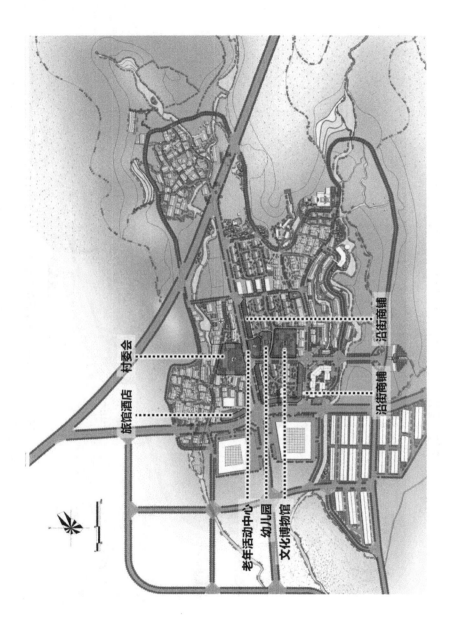

图 5-12 下山头乡村规划道路系统规划图

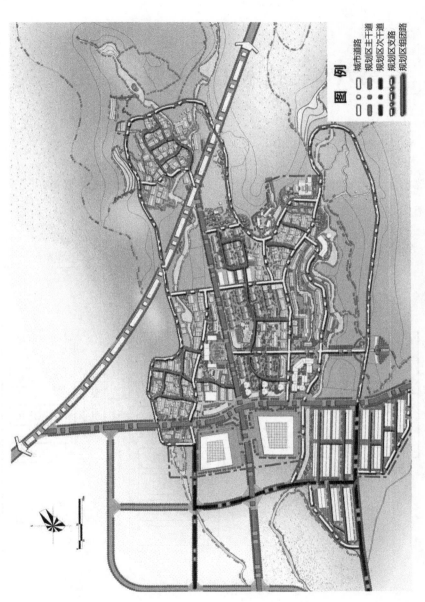

图 5-13 下山头乡村规划公共服务设施规划图

第六章 技术工具开发与讨论

技术工具总体框架如图 6-1 所示，主要是从合意达成、决策、评估三个方面来构建技术工具框架。

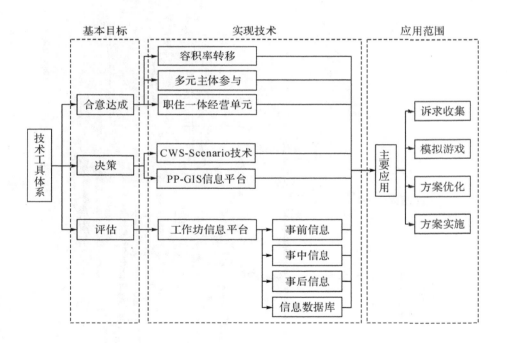

图 6-1 技术工具总体框架

6.1 辅助合意达成技术

项目主要通过规划方法来辅助合意达成,主要体现在规划制定的前期。在实证过程中,主要采用了容积率转移、多元主体参与、职住一体经营单元的规划工具。

在城市实证研究当中,大马弄60号存在以下三个限定条件。

①历史保护地段的限制性:大马弄60号位于南宋皇城遗址保护区范围内,对于任何的建设活动都有一定的限制,只能在保持原状的情况下对区域内所有住宅进行更新,不允许重建的项目出现。

②物质空间改善的必要性:政府在本研究开展之前就已经完成了场地建筑外立面改造,但是内部改造因为多方面的因素未能成功开展,导致场地内部的整体环境质量不尽如人意,各个住户都希望内部环境尽快得到改善。

③公众诉求矛盾的典型性:大马弄60号场地周边其他组团内部环境均已改造完成,而自身未能开展改造的原因主要还是各个利益主体对改造方案的不理解,以及各个住户改造需求的相异性;而政府进行组团改造的项目都是在征得居民一致同意的前提下展开。复杂的公众诉求需要专业的公众参与方法和程序来协调。

此外,大马弄60号社区更新改造的难点在于空间的有限性,规划区域内各个利益主体的发展诉求多种多样,而60号的可利用空间并没有因为要开展更新改造工作而得到量的增加,在当前居住环境的基础上进行满足各个利益主体发展诉求的规划设计有一定难度——相当于一项"切蛋糕"的工作,蛋糕体量没有改变,同时需要在此基础上提升其质量,并重新规划切蛋糕的方式。

采用容积率转移的规划工具,将大马弄 60 号及其周边空间进行了重新调整,通过相关平台对区域内的容积率进行重新整合,调配区域内的资源,在不改变总体空间与居民居住需求的前提下,以整合完毕后剩余的容积率分配为基础进行规划设计,产生具有市场、养老、民宿等其他功能的规划设计方案。

采用多元主体参与的规划工具,建立一个公共平台,将城市实证与村庄实证过程中的各个利益主体或者其代表集结到一起,在同一平台上共同商讨利益诉求,从方案的初始阶段到实施阶段都会进行以多元主体参与工具方法为基础的多元利益主体商讨会议。在这个基础上完善的方案在实施过程中各个规划相关单位的执行力会更强,方案的落地性也就更强。

采用职住一体经营单元的规划工具,在城市实证与村庄实证的过程中使区域内的就业地与居住地得到合并,在大马弄 60 号社区更新的案例中,分别提出了养老设施介入与民宿系统植入两个方案;在下山头村域规划的案例中,提出了以文化养生、生态养生、农家养生为主题的三个养生体验区,提升了区域生活质量的同时,也给当地带来了新的经济收入来源和就业机会。

合意达成是整个规划从设计到实施全部过程得以顺利进行的重要前提,而合意达成的前提则在于"合"字,如何将各个利益主体以及其各自的利益诉求"合"在一起,是相应规划工具技术方法的主要目标。

6.2　辅助决策技术工具

规划设计方案要形成一个可实施性强的成果,决策环节是关键所在。

而一个被大众、各个利益主体所认可的规划设计方案，其形成的过程中，决策组也应当有各个利益主体的成分存在，因而辅助各个利益主体进行决策的技术方法就显得尤为重要。在研究的实证环节中，采用了基于设计模拟的游戏方式（如图6-2），通过角色卡片、社区游戏等技术方法，将地方政府、开发商、规划师等多个利益主体角色转换成社区内的"新"社区居民；同时将规划方案通过文本展示、实物模型、模拟时空这些"二维"（平面空间）到"四维"（立体空间与时间）的展示方式形成一个"规划既成空间"，让角色转换完成的"新"社区居民与原本的社区居民一起体验"规划既成空间"。通过对方案的全方位实际体验，来获取针对方案的反馈，从而更好地改进规划设计方案。

在基于设计模拟的社区游戏当中，CWS-Scenario（社区规划工作坊决策情境生成）技术是整个体验过程中的难点所在，方案的文本展示仅限于二维层面，模型展示限于三维层面，技术要求相对不高，而真正让各个利益主体切实了解规划设计方案的细节部分，还是需要空间与时间相互结合的体验方式，即营造一个"规划既成"的模拟时空；而要营造一个能够准确表达规划设计方案细节的模拟时空，则需要CWS-Scenario技术架构规划决策围观主体从"现实世界"迈入"虚拟世界"的桥梁，通过接触、感知准备好的信息实体或虚拟物体得到真实的游戏感觉。这一技术在国内社区规划方面的应用还处于初步阶段，理论上可以获得很好的效果，但需要花费一定的物力、财力，并且在操作上也存在一定的难度。

此外，在通过基于设计模拟的社区规划游戏之后，还需要通过PP-GIS的社区规划角色信息平台，收集并分析有效数据，并对其进行归类、传播以及与各个利益主体共享，来辅助最终决策的产生。

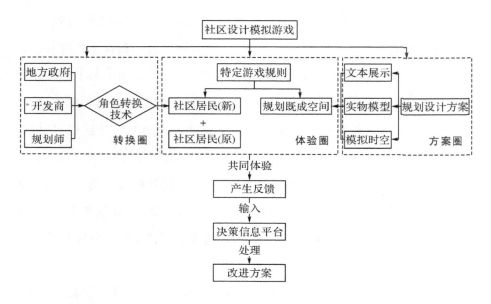

图 6-2　社区设计模拟游戏示意

6.3　辅助评估信息平台

进行一个基于设计且循环的模拟工作坊,必然会有其成功之处与待改进之处,故需要一个信息收集系统,从设计模拟工作坊初始阶段开始到结束的过程中,对其中的信息进行收集与归类工作,便于在这一轮的设计模拟工作坊结束之时,对整个过程进行评估,以为新一轮的工作坊提供可借鉴经验。

故需要建立一个针对工作坊运行的信息平台,该平台应具备并验证三大功能:第一,向没有直接参加社区规划的人群传播社区规划的进展和决策,整合情境案例合意形成的资源;第二,向构成微观主体的新成员和其他利益博弈主体传播规划合意达成的思考方法和灵感,为情境案例合意形成的可持续发展打下坚实的基础；第三，向工作坊评估人员提供有效数据，协助其对该轮的设计模拟工作坊进行有效评估。

信息平台将模拟工作坊数据划分为"事前信息（模拟工作坊举办前的信息准备）""事中信息（模拟工作坊举办过程中产生的信息）""事后信息（模拟工作坊的成果总结信息）"和"模拟工作坊的信息数据库"四个部分进行整理、分析，结合第一阶段规划决策情境案例，进一步分析公众参与城乡规划决策选择过程的信息传递影响机制。

第七章 结 论

7.1 城市实践结论

7.1.1 实践结论

　　大马弄街区是一个高层住宅、多层住宅和高密度低层住宅等多种建筑形态并存的区域,居住空间并不充裕。居民主要意愿便是扩大其居住空间,最大限度增加活动范围,而目前来看 60 号单元周边用地较为紧张,无法在用地角度进行面积扩张。于是三个方案都是在占地面积不变的情况下,通过增加建筑面积的方式来增加总生活空间,原先居民居住空间仍作为住房使用,主要对增加空间的用途进行不同角度的安排,这个设定构成了工作坊展开讨论的基础。对于增加的空间,住户们希望这部分为自有产权而非原先的公共产权,否则对于他们今后生活发展会造成不利影响,但如此安排导致新增空间都面向 60 号单元内部居民,会带来较低的经济和社会效益。

　　首先,市场调整方案(方案一)最忠于 60 号单元的现状,相对来说改动最小,对于商业环境和居住环境两个方面都会有一定程度的改善。但此方案并未很好地解决最困扰住户的问题:养老设施缺口和获取经济收益。

这个区域的住户多为老龄人口,故养老介入方案(方案二)呼应了社区的根本矛盾,居民参与工作坊讨论时曾表示,如果增加空间自用自有,他们愿意自己出资承担建造资金。老年人为了照顾家庭年轻成员的经济利益,也更愿意放弃自身的养老看护诉求。养老介入方案的社会效益在平衡 60 号单元住户经济利益过程中存在变数,两轮工作坊讨论都因此方案产生激辩。

而结合 60 号单元所在的十五奎巷属于历史遗产保护区域和旅游区域,民宿植入方案(方案三)可实现最大的经济效益,但此方案对于 60 号单元的改动程度最高,加之居民中有较多老年人,比较倾向于宁静的生活环境,主观上反对民宿方案。他们认为与其将增加部分转换为公有的店铺和民宿,获取未来收益,不如改善目前居住环境。

上述三个方案是在"微规划"工具方法与"微优化"技术体系下,开展的 60 号城乡规划社区更新工作坊的第一环,在之后方案推行的过程中还会由于宏观环境的改变、新技术的出现等原因,出现新的发展诉求,因此规划师将根据 60 号各个利益主体的反馈,再开展一轮"微规划"工具方法与"微优化"技术体系下的社区规划工作坊,以此做到持续更新,与时俱进。

7.1.2 研究结论

"微规划"与"微优化"是从微观视角下提出的城乡规划技术方法,其针对城市中微观层面的问题,追求较为个性化的问题解决方案;并且从反馈的总体情况来看,此次旧城更新技术方法的初次实践取得了不错的成果。由于 60 号各个利益主体对于方案的反馈结果较为正面,方案的推行也较为顺利,能够以较高的效率得到最直接、最有用的反馈。目前 60 号的更新方案还在进一步的深化中。但是与此同时,不可否认的是这种新型的旧城更新技术方法也存在一定的缺陷,总结来说,目前的"微规划""微优化"仍然存在技术方法受用性不足、公众参与受众较为有限、整体缺乏对应的评估体系等缺点。这些问题,可以通过线上线下会议技术相结合、优化公众参与技术流程、构建公众参与全流程评价体系等方法来解决,这也是后续研究的重点。

7.1.3　城市实践小结

目前城乡规划正从传统的粗放式发展、宏观调整向精细式开发、存量优化方向转型,原因是增量规划在部分地区将不再是城乡规划主流工作,城市系统正逐渐向自然生态系统的形式靠拢,细微元素的重要性正在逐渐上升,故生态化设计思维的重要性在城乡规划工作中也在逐步上升。但这一转型也需要规划师去积极探索新方法论,因为原先用于增量开发的高效方法也许在存量视角下会失效。在大规模增量开发的规划体系下,少数个性需求往往会因多数利益而无法被顾及,从而被忽视;在存量视角下的规划体系中,为尽可能保证区域内长远发展的稳定性,那些个性需求开始被重视。工作坊是能够高效收集个性需求的方法,是存量规划工作中必不可少的环节。

而随着社会经济的发展,每一个个体生活的发展诉求也趋于多样化,在结合多方诉求时,难免会出现诉求之间的各种矛盾,如 60 号单元的三个渐进更新方案,都不能同时满足生活、养老、盈利等多方诉求。如何调和这些个体之间的诉求矛盾,并最终达成合意,也是工作坊后续的推进重点。

旧城更新这一城乡规划工作,目前在国际上仍存在很大的发展空间,日本等国家的旧城更新方案尚在推进过程当中,大马弄 60 号的更新方案也在更新当中。"微规划—微优化"的"微循环"相对于以往的传统规划技术方法,更能够为各个利益主体所接受,当然这套技术方法需要进行多重循环,才能得到一个相对满意的方案,故所需要的时间仍然很长,在提升旧城更新方案推进效率的技术方法上,仍然有很大的研究空间。

7.2 村庄实践小结

在 2018 年中央一号文件大力推行乡村振兴的宏观环境下,强调"打造乡村新生活模式,培养新生活价值观",强调社区自治,乡村多元主体参与乡村更新的重要性正在逐渐上升。

由于村庄土地权属与城市土地权属不同等因素,在村庄实践中,所采用的技术方法需要作出一定的改变,从不同主体主导的角度综合论述村庄更新的方案以及对应的权益关系变更。从实践结果上看,本次乡村有机更新的结果已为各个利益主体所接受,推进了村庄的远期发展。

而在具体的技术工具梳理上,针对村庄的设计模拟工作坊合意达成工具包还需进一步研究。

7.3 社区模拟技术研究结论

社区模拟及其相关技术是工作坊顺利推进的核心要素。

能够让各个利益主体通过社区模拟技术体验到规划完成后社区的情况,通过"提前体验"切实感受到规划设计方案的细节方面,即可获得可行性、针对性更强的方案改进意见。但是在实证过程中,方案展示与体验的环节主要还是以实体为主;而由于技术应用的熟练程度以及工作坊中受众对于模拟技术的适应程度等的限制,现实中模拟技术的应用其实并不多,这也是后续的工作坊设计模拟工作中需要重点关注的地方。

7.4　公众参与方法研究结论

公众参与是贯穿于整个工作坊的核心理念,无论是方案的初步改善或者中期的方案体验,还是后期的方案敲定及实施,都需要各个利益主体共同参与。在研究中,公众参与的手段具有一定的多样性,但同时也存在一定的不足,每种参与手段都需要花费一定的时间,且一般都是采取线下的形式。如各个利益主体参与的多方咨询会议,至少是在各方都有可派出代表的情况下,会议才可顺利开展。如果利益主体的某一方缺席,比如说一户人家之中三口人都没有时间来参加会议,就会导致意见收集不全面,进而无法顺利开展后续工作。

综上所述,公众参与或可以融入类似在线课堂的技术,这样不用人到现场,就可以做到三个"在线":在线互动、在线感知、在线反馈。通过线上技术与线下技术相结合,可以使得公众参与的参与方更加有代表性,如此信息收集将会更加具有可借鉴性。

补　编

A. 乡村实践项目工作成果

（乐清市下山头村规划项目多元主体参与过程）

图 1 现场调研

图 2 进行工作坊照片及成果扫描

图 3   工作坊开展

图 4   规划实施现场(一)

图 5　规划实施现场(二)

图 6　规划实施现场（三）

B. 村庄规划调查问卷

（乐清市下山头村）

（为更好地编制村庄规划，需要大家同心协力，在此感谢您的认真填写！）

一、个人及家庭基本情况

家庭编号＿＿＿＿＿＿（对应图纸）　户主姓名＿＿＿＿＿＿＿＿＿

家庭人数＿＿＿＿＿＿＿　　　60岁以上老人数＿＿＿＿＿＿＿＿＿

外出人数＿＿＿＿＿＿＿＿

家庭主要经济收入来源＿＿＿＿＿＿＿＿＿＿＿

A. 传统农业　　B. 农家旅游　　C. 外出务工　　D. 其他＿＿＿＿

二、村民幸福指数

1. 您觉得住在村里幸福吗？

A. 很幸福　　　B. 幸福　　　C. 一般　　　D. 不幸福

2. 您看病就医是否方便？

A. 很方便　　　B. 方便　　　C. 一般　　　D. 不方便

E. 很不方便

3. 您对村里的健身休闲场所和设施是否满意？

A. 满意　　　　B. 较满意　　　C. 一般　　　D. 不满意

E. 很不满意　　F. 没有以上设施

4. 您对本村村庄环境是否满意？如果不满意,哪些地方不满意？

A. 满意   B. 较满意   C. 一般   D. 不满意

E. 很不满意

不满意的地方 _____

5. 您觉得外出方不方便？如果不方便的话,哪里不方便？

A. 很方便   B. 方便   C. 一般   D. 不方便

E. 很不方便

不方便的地方 _____

三、住房情况

1. 您现在居住的房子建于_____年,有_____层,房屋面积_____
（平方米）。

2. 您家庭近五年的住房计划

A. 保持现状   B. 整治维修   C. 原拆原建   D. 选址新建

E. 买商品房

3. 如果建新房,您希望建在什么地方？

A. 在统一规划的新村内   B. 原地重建   C. 不确定

4. 您喜欢哪一种新屋住宅形式？

A. 独门独院   B. 联排住宅   C. 3～6 层的多层住宅

D. 高层公寓   E. 其他_____

5. 在新屋建设时,您喜欢采用哪种方式？

A. 划定宅基地,自己设计,自己建设

B. 划定宅基地,统一设计,自己建设

C. 统一设计,统一建设   D. 其他_____

四、村庄建设建议

1. 您认为本村的特色是

A. 生态环境　　B. 农业　　　C. 人文历史　　　D. 旅游开发

E. 其他_____

2. 您认为最有可能代表本村的标志物(活动)为

A. 民俗活动　　B. 祠堂、牌坊　C. 民居建筑　　D. 自然风情

E. 名人故里　　F. 其他_____

3. 对于村庄发展,您最关心下列哪些问题(可多选)?

A. 公共设施配套(医疗、停车等)　　B. 道路等基础设施建设

C. 村庄产业发展　　　　　　　　　D. 村庄环境卫生

E. 村庄绿化美化　　　　　　　　　F. 历史文化遗产保护

G. 自然生态

4. 您认为村庄还需要增加的公共设施是(可多选)

A. 菜市场　　　B. 幼儿园　　　C. 小学　　　　D. 卫生所

E. 敬老院　　　F. 公厕　　　　G. 运动场(篮球场)

H. 文化站　　　I. 垃圾收集站

5. 您在村庄环境整治中最看重下面哪一块内容(可多选)?

A. 主入口整治　　　　　　　　　B. 增加公园广场

C. 道路硬化　　　　　　　　　　D. 改善道路照明,增设路灯

E. 建设排水沟渠和下水管道,改善生活污水排放问题

F. 污水集中处理　　　　　　　　G. 清洁河流水塘

H. 沿路、沿河景观　　　　　　　I. 房屋周边景观

J. 其他_____

6. 您认为本次规划中还有哪些问题需要特别注意？

（1）_____

（2）_____

C. 主编单位简介

浙江大学建筑设计研究院有限公司始建于 1953 年,是国家重点高校中最早成立的甲级设计研究院之一,至今已有六十六年的历史。公司坚持"营造和谐、放眼国际、产学研创、高精专强"的办院方针,2000 年 1 月通过 ISO9001 质量体系认证,2017 年 11 月通过职业健康安全体系和环境管理体系认证。

目前公司聘请中国工程院院士何镜堂先生和浙江大学求是特聘教授吴越先生担任艺术总监。现有 50 余个生产及管理部门,员工 1000 余人,其中中国工程设计大师 1 人,享受国务院政府特殊津贴专家 1 人,当代中国百名建筑师 2 人,浙江省工程勘察设计大师 4 人,中国杰出工程师 4 人,中国建筑学会青年建筑师奖获得者 10 人;高级技术职称 244 人,中级技术职称 285 人;一级注册建筑师 114 人,一级注册结构工程师 72 人,注册岩土工程师 16 人,注册咨询工程师 19 人,注册造价工程师 11 人,注册电气工程师 16 人,注册给排水工程师 26 人,注册暖通工程师 23 人,注册动力工程师 1 人,注册规划师 16 人,注册人防工程师 4 人,一级注册建造师 4 人。

公司业务范围包括:高层、超高层的大型办公楼、宾馆、商业综合体设计;学校校园规划与设计;影剧院、图书馆、博物馆等文化建筑设计;居住区规划与设计;体育建筑设计;医院类建筑设计;城市规划与设计;智能建筑设计、室内设计；风景园林与景观设计；市政公用工程规划与设计；岩土工程设计；幕墙设计；城乡规划编制、古建筑和近现代建筑的维修保护、文物保护规划等；所有民用建筑项目节能评估。

　　建院以来，坚持设计、教学、科研相结合，依托浙江大学，定聘中国工程院院士、中国科学院院士等高科技人才作为技术支撑，繁荣建筑创作，积极参加市场竞争，并广泛开展国际学术交流与工程联合设计，对象包括美国的 SOM、CANNON DESIGN、GSP、HOK、JWDA、NBBJ、GENSLER、AE-COM、波士顿国际，英国 ATKINS，日本的日建设计、日本设计、久米，德国的 GMP、WSP，澳大利亚的 COX、PTW、伍兹贝格，加拿大凯盛国际，新加坡的巴马丹拿、D.P. 建筑设计事务所等国际知名的设计公司。历年来获得近 700 项国家、部、省级优秀设计奖、优质工程奖及科技成果奖。

　　2008 年成立的工程技术研究中心为省级企业技术中心；2012 年成立了董石麟院士、龚晓南院士、陈云敏院士领衔的院士专家工作站（市级）；2014 年与浙江大学建筑工程学院联合成立"协同创新研究中心"；2016 年获得浙江省企业博士后工作站授牌。先后获得当代中国建筑设计百家名院、中国勘察设计行业创新型优秀企业、杭州市十佳勘察设计企业、杭州市首批十大产业企业技术创新团队等称号，并被认定为浙江省高新技术企业、杭州市十大产业重点企业和杭州市文化和科技融合示范企业（试点），是第一批国家级工程实践教育中心建设单位；取得了较好的社会声誉和经济效益，得到社会各界和建设单位的赞扬和好评。

浙江大学建筑设计研究院有限公司现有资质等级及业务范围

等级	资质名称	业务范围
甲级	工程设计证书	建筑行业(建筑工程,含建筑装饰工程、建筑幕墙工程、轻型钢结构工程、建筑智能化系统、照明工程、消防设施工程和附建式人防工程)
		市政行业(排水、道路、桥梁、城市隧道工程)
		风景园林工程设计专项
	工程勘察证书	工程勘察专业类岩土工程(设计、勘察)
	城乡规划编制证书	不受限制
	文物保护工程勘察设计	古文化遗址保护、古墓葬保护、古建筑维修保护、近现代建筑维修保护、壁画保护、文物保护规划编制
	工程咨询资格证书(建筑)	编制项目建议书,编制项目可行性研究报告、项目申请报告、资金申请报告、评估咨询,工程设计
乙级	工程勘察证书	工程勘察专业类岩土工程(物探、测试、检测、监测)
	工程设计证书	市政行业(给水、环境卫生工程)
		建筑行业(人防工程)
丙级	工程咨询资格证书(建筑)	规划咨询
	工程咨询资格证书(市政交通)	编制项目建议书,编制项目可行性研究报告、项目申请报告、资金申请报告,评估咨询,工程设计
	浙江省民用建筑节能评估	节能评估
	土地规划	土地规划

参考文献

[1] Arnstein S. A Ladder of Citizen Participation [J]. Journal of the American Institute of Planners, 1969, 35: 216-224.

[2] Branch M C. Comprehensive City Planning: Introduction & Explanation [M]. American Planning Association, 1985.

[3] Barry S. Not In My Backyard: The Sequel [J]. Waste Age, 2000(8): 25-31.

[4] Frederickson H G. Toward a Theory of the Public for Public Administration [J]. Administration and Society, 1991 (4): 415-416.

[5] Harvey D. Justice, Nature & the Geography of Difference [M]. London, Cambridge: Wiley-Blackwell, 1996.

[6] Judith I. Information in Communicative Planning [J]. Journal of American Planning Association, 1998, 64(1).

[7] LeGates R T, Stout F, (Ed). The City Reader(second edition) [M]. Routledge Press, 2000.

[8] Lake R W. Planners Alchemy Transforming NIMBY to YIMBY: Rethinking NIMBY [J]. Journal of American Planning Association, 1993(87): 93.

［9］ Machidukuri Association of Japan. Public Participation in Community Planning and Machiduluri ［M］. Tokyo：Gijutushoin，2002.

［10］ Morio U. Machidukuri Funds and Mediators ［C］// Architecture Institute of Japan. Technologies and Institution of Participatory Urban Planning System—Perspectives for Participatory Urban Planning［C］. Tokyo：AIJ，1998：95-101. ［11］ Naisbitt J. Megatrends 2000：Ten New Directions for the 1990s ［M］. William & Morrow Company, Inc. , 1990.

［12］ Tore S. Communicative Planning Theory ［M］. Aldershot UK：Avebury，1994.

［13］ Vigar G，Healey P，Hull A，et al. Planning，Governance and Spatial Strategy in Britain：An Institutionalist Analysis ［M］. Macmillan Press Ltd. , 2000.

［14］ 蔡永洁,史清俊. 以日常需求为导向的城市微更新.一次毕业设计中的上海老城区探索[J].时代建筑,2016(04):18-23.

［15］ 陈锦富.论公众参与的城市规划制度[J].城市规划,2000(7):54-57.

［16］ 陈清明,陈启宁,徐建刚.城市规划中的社会公平性问题浅析[J].人文地理,2000,15(1):39-42,65.

［17］ 陈晓键.公众诉求与城市规划决策:基于城市设施使用情况调研的分析和思考[J].国际城市规划,2013,28(1):21-25.

［18］ 陈兆玉.城市规划与管理中公众参与问题的探讨[J].测绘信息与工程,1998(03):28-30.

[19] 陈志诚,曹荣林,朱兴平.国外城市规划公众参与及借鉴[J].城市问题,2003(5):39,72-75.

[20] 戴月.关于公众参与的话题:实践与思考[J].城市规划,2000,24(7):59-61.

[21] 德博拉·斯通.政策悖论[M].北京:中国人民大学出版社,2006.

[22] 邓凌云,张楠.日本城市规划中公众参与的制度设计研究[J].城市发展研究,2011,18(7):62-66.

[23] 封冲.正面文化工作坊在青少年社会工作中的应用——以深圳福利中心"生活乐吧"为例[D].南京:南京大学,2013.

[24] 冯雨峰.城市规划公众参与的现实与理想[C]//中国城市规划学会.城市规划决策民主化研讨会论文集.泉州,2004:46-53.

[25] 耿慧志,张锦荣.面对纠纷的城市规划管理对策探析——基于一起城市规划管理纠纷案例的思考[J].城市规划,2007,31(1):68-73.

[26] 广州乐居.广州10区"旧改"最新详细进度出炉,这些社区、城中村实现完美蜕变![EB/OL].http://www.vccoo.com/v/h483i3,2017-01-29.

[27] 规划前沿观察.城市保护与更新的新尝试:容积率转移[EB/OL].https://sanwen8.cn/p/3bbtQoy.html,2016-09-18.

[28] 郭红莲,王玉华,侯云先.城市规划公众参与系统结构及运行机制[J].城市问题,2007(10):71-75.

[29] 郭建,孙惠莲.公众参与城市规划的伦理意蕴[J].城市规划,2007,31(7):56-61.

[30] 郝娟.英国土地规划法规体系中的民主监督制度[J].国外城市规划,1996(1):15-20.

[31] 侯丽.权力·决策·发展——21世纪迈向民主公开的中国城市规划[J].城市规划,1999(12):40-43.

[32] 胡云.论我国城市规划的公众参与[J].城市问题,2005(4):74-78.

[33] 华新民.小心!!房产证即将换成不动产证[EB/OL].http://finance.ifeng.com/a/20151207/14112497_0.shtml,2015-12-07.

[34] 黄瓴,明钰童.基于城市空间文化价值评价的山地城市社区微更新研究[J].上海城市规划,2018(04):1-7.

[35] 黄杉,华晨,李立.中外联合教学工作坊的探索和实践[J].高等理科教育,2011(3):28-31.

[36] 黄杉.城市生态社区规划理论与方法研究[M].北京:中国建筑工业出版社,2012.

[37] 黄耀福,郎嵬,陈婷婷,等.共同缔造工作坊:参与式社区规划的新模式[J].规划师,2015,31(10):38-42.

[38] 李东.公众参与在加拿大[J].北京规划建设,2005(6):43-46.

[39] 李东泉,韩光辉.我国城市规划公众参与缺失的历史原因[J].规划师,2005,21(11):12-15.

[40] 李世杰.污染性设施对居住品质影响之研究:以台中火力发电厂为例[D].台中:逢甲大学,1994.

[41] 李晓晖.城市邻避性公共设施建设的困境与对策探讨[J].规划师,2009,25(12):80-83.

[42] 李永展,何纪芳.都市服务设施"邻避"效果与选址规划原则[J].

环境教育季刊,1995(24):2-10.

[43] 梁鹤年.公众(市民)参与:北美的经验与教训[J].城市规划, 1999(5):49-53.

[44] 刘伟忠.论公共政策之公共利益实现的困境[J].中国行政管理, 2007(8):26-29.

[45] 刘垚,田银生,周可斌.从一元决策到多元参与——广州恩宁路 旧城更新案例研究[J].城市规划,2015(8):101-111.

[46] 鲁帅.工作坊:班主任专业发展的新路径——基于"七色彩虹"、 "漫步者"班主任工作坊的案例研究[D].武汉:华中科技大 学,2013.

[47] 马宏,应孔晋.社区空间微更新.上海城市有机更新背景下社区 营造路径的探索[J].时代建筑,2016(04):10-17.

[48] 马颖忆,刘志峰,叶麟,路苏荣.古都型城市"微更新"视角下公共 服务设施配套研究——以南京秦淮白下单元为例[J].金陵科技 学院学报,2017,33(03):32-36.

[49] 闵忠荣,丁小兰,郑林.城市规划中的公众参与——以南昌为例 [J].城市问题,2002(6):40-43.

[50] 潜莎娅.基于多元主体参与的美丽乡村更新建设模式研究[D]. 浙江大学,2015.

[51] 潜莎娅,黄杉,华晨.基于多元主体参与的美丽乡村更新模式研 究——以浙江省乐清市下山头村为例[J].城市规划,2016(4): 85-92.

[52] 丘昌泰.从"邻避情结"到"迎臂效应"——台湾环保抗争的问题 与出路[J].政治科学论丛,2002(12):33-56.

[53] 塞缪尔,亨廷顿.变化社会中的政治秩序[M].王冠华,等,译.北京:生活·读书·新知三联书店,1989.

[54] 邵任薇.中国城市管理中的公众参与[J].现代城市研究,2003(2):7-12.

[55] 生青杰.公众参与原则与我国城市规划立法的完善[J].城市发展研究,2006,13(4):109-113.

[56] 孙昊.积极心理学视角下教师心理工作坊创新模式初探[J].大众心理学,2015,(11):21-22.

[57] 孙施文.城市规划中的公众参与[J].国外城市规划,2002(2):1-14.

[58] 孙施文,殷悦.西方城市规划中公众参与的理论基础及其发展[J].国际城市规划,2009(S1):233-239.

[59] 汤京平.邻避性环境冲突管理的制度与策略[J].政治科学论丛,1999(10):355-382.

[60] 唐文跃.城市规划的社会化与公众参与[J].城市规划,2002,26(9):25-27.

[61] 田莉.美国公众参与城市规划对我国的启示[J].上海城市管理,2003(2):27-30.

[62] 王江.论现代城市建设管理的公众参与制度[J].同济大学学报(社会科学版),2003(3):39-45.

[63] 王郁.日本城市规划中的公众参与[J].人文地理,2006(4):34-38.

[64] 吴可人,华晨.城市规划中四类利益主体剖析[J].城市规划,2005,29(11):80-85.

[65] 吴志强.德国城市规划的编制过程[J].国外城市规划,1998(2):30-34.

[66] 吴祖泉.解析第三方在城市规划公众参与的作用——以广州市恩宁路事件为例[J].城市规划,2014,38(2):62-68,75.

[67] 徐善登,李庆钧.公众参与城市规划的态度分析与政府责任——以苏州市和扬州市为例[J].城市问题,2009(7):73-77.

[68] 徐善登.城市规划公共性实现的困境[J].城市问题,2010(5):18-21.

[69] 许锋,刘涛.加拿大公众参与规划及其启示[J].国际城市规划,2012,27(1):64-68.

[70] 许志坚,宋宝麒.民众参与城市空间改造之机制——以台北市推动"地区环境改造计划"与"社区规划师制度"为例[J].城市发展研究,2003(01):16-20.

[71] 薛鸣华,岳峰,王旭潭.中心城风貌区"微更新"案例研究——以上海市永嘉路511、永嘉路578和西成里为例[J].中国名城,2018(03):72-82.

[72] 杨贵庆.试析当今美国城市规划的公众参与[J].国外城市规划,2002(2):2-5,33.

[73] 杨新海,殷辉礼.城市规划实施过程中公众参与的体系构建初探[J].城市规划,2009,33(9):52-57.

[74] 袁韶华,雷灵琰,翟鸣元.城市规划中公众参与理论的文献综述[J].经济师,2010(3):45-47.

[75] 张昊哲.基于多元利益主体价值观的城市规划再认识[J].城市规划,2008,32(6):84-87.

[76] 张佳,黄杉,等.渐进更新改善设计方法研究——历史保护地段内高密度社区国际工作坊[M].北京:中国建筑工业出版社,2017.

[77] 张萍.从国家本位到公众本位——建构我国城市规划法规的思想基础[J].城市规划汇刊,2000(04):21-24＋79.

[78] 张庭伟.从"向权力讲授真理"到"参与决策权力"——当前美国规划理论界的一个动向:"联络性规划"[J].城市规划,1999,23(6):33-36.

[79] 张庭伟.市场经济下城市基础设施的建设——芝加哥的经验[J].城市规划,1999,23(4):57-60.

[80] 张庭伟.转型时期中国的规划理论和规划改革[J].城市规划,2008,32(3):15-24,66.

[81] 张翼,吕斌.和谐社会与城市规划公共性的回归[J].城市问题,2008(4):6-7.

[82] 赵城崎.基于共同体原理的城市更新方法论的研究与实践[D].上海:同济大学,2018.

[83] 赵民,刘婧.城市规划中"公众参与"的社会诉求与制度保障——厦门市"PX项目"事件引发的讨论[J].城市规划学刊,2010(3):81-86.

[84] 赵伟,尹怀庭,沈锐.城市规划公众参与初探[J].西北大学学报(哲学社会科学版),2003(04):75-78.

[85] 郑卫.邻避设施规划之困境——上海磁悬浮事件的个案分析[J].城市规划,2011,35(2):74-81,86.

[86] 郑卫.我国邻避设施规划公众参与困境研究——以北京六里屯

垃圾焚烧发电厂规划为例[J].城市规划,2013,37(8):66-71,78.

[87] 周文雯.城市规划中的人性化——市民利益问题和公众参与机制[J].中国西部科技,2009,8(01):67-68.

[88] 朱云辰.基于微观视角的旧城更新技术方法研究[D].浙江大学,2017.

[89] 朱云辰,黄杉,华晨.基于公众参与的渐进更新工作坊研究——以杭州市上城区紫阳街道大马弄60号为例[J].工程设计学报,2017,24(1):40-49.

[90] 佐藤滋,等.社区规划的设计模拟[M].黄杉,吴骏,徐明,译.杭州:浙江大学出版社,2015.

致　　谢

　　"UAD 新型城镇化研究论丛"丛书是在浙江大学建筑设计研究院规划分院近年来所参与的各类规划设计项目中,通过梳理项目中遇到的问题与提出的解决方案,所最终形成的关于近期国内几个规划热点的经验小结;分为特色小镇、社区更新、乡村振兴、沿边开发、海绵城市五个部分。首先感谢浙江大学建筑设计研究院黎冰副院长、华晨总规划师、吕淼华书记给予丛书的多方面支持,感谢科技中心丁德总师、人事处丁禄霞老师解决了丛书出版所需经费问题。

　　参与这些规划项目的规划分院同事有:翁智伟、郑昕文、童济、张为、庞梦霞、曾骐越、徐逸程、卢悦、程明骏、罗俊颖、朱云辰、倪莉莉、李利、周宇波、杨天福、王振南、李倩茹、江哲麟、鲁志华、谢晔晨、潜莎娅(以上排名不分先后);感谢每一位在这些规划设计项目中为项目顺利推进辛勤付出的同事,大家的工作成果是丛书研究工作的第一手基础资料,这些资料使丛书的落地性大大增强。

　　本书是在住建部科技计划项目《基于设计模拟工作坊的城市规划决策合意达成技术方法研究》(课题编号:2015-R2-061)课题研究报告的基础上修改而成。书稿的成型,首先要感谢为本书撰写序言的浙江大学建筑工程学院博士生导师兼浙江大学建筑设计研究院总规划师华晨先生的悉心指导。在本书撰写、修改的过程中，华晨老师在框架构思、细节修改上提供的指导和帮助，不仅仅使本书添彩，更是我一生受用的宝贵财富。同时也要感谢浙江省住建厅建筑节能与科技设计处李蓉樱、杨文领老师对课题的支持，他们的意见与建议使课题成果更加完善丰富，从而使本书的内容更加丰满。此外，规划分院的朱云辰、潜莎娅也为本书的第四、第五章撰写了分析文章，在此一并感谢。

黄　杉

2019 年 12 月于杭州

图书在版编目（CIP）数据

　　基于设计模拟工作坊的城市规划决策合意达成研究 /
黄杉，朱云辰，翁智伟著. —杭州：浙江大学出版社，
2020.11
　　ISBN 978-7-308-20107-0

　　Ⅰ. ①基… Ⅱ. ①黄… ②朱… ③翁… Ⅲ. ①城市规
划－决策学－研究 Ⅳ. ①TU984-05
　　中国版本图书馆 CIP 数据核字（2020）第 050054 号

基于设计模拟工作坊的城市规划决策合意达成研究

黄　杉　朱云辰　翁智伟　著

责任编辑	·余健波
责任校对	杨利军　张振华
封面设计	周　灵
出版发行	浙江大学出版社
	（杭州市天目山路 148 号　邮政编码 310007）
	（网址：http://www.zjupress.com）
排　　版	杭州好友排版工作室
印　　刷	浙江新华数码印务有限公司
开　　本	710mm×1000mm　1/16
印　　张	9.5
字　　数	118 千
版 印 次	2020 年 11 月第 1 版　2020 年 11 月第 1 次印刷
书　　号	ISBN 978-7-308-20107-0
定　　价	50.00 元